卓越设计师案头工具书系列

装饰工程节点构造设计图集

（设计师必会100个节点设计：CAD节点+3D示意图+实景图片）

主编　白巧丽

参编　何艳艳　贾玉梅　高世霞　魏海宽　阎秀敏

机械工业出版社
CHINA MACHINE PRESS

本书共分为三章，主要内容包括：装饰装修工程基础知识、装饰装修工程构造节点、装饰装修工程管理及质量验收。

　　本书内容翔实，系统全面，语言简练，重点突出，图文并茂，以实用、精炼为原则，紧密结合工程实际，从节点图、三维图、实例照片三个方面来解读，提供了200多个常用节点构造，便于读者理解掌握，可供从事装饰装修工程设计、施工、管理的人员以及相关专业大中专院校师生学习参考。

图书在版编目（CIP）数据

装饰工程节点构造设计图集：设计师必会100个节点设计：CAD节点＋3D示意图＋实景图片/白巧丽主编 . —北京：机械工业出版社，2022.6

　（卓越设计师案头工具书系列）

ISBN 978-7-111-70647-2

Ⅰ.①装…　Ⅱ.①白…　Ⅲ.①室内装饰－节点－结构设计－图集　Ⅳ.①TU238-64

中国版本图书馆 CIP 数据核字（2022）第 070866 号

机械工业出版社（北京市百万庄大街22号　邮政编码100037）

策划编辑：张　晶　责任编辑：张　晶　刘　晨

责任校对：刘时光　封面设计：张　静

责任印制：任维东

北京市雅迪彩色印刷有限公司印刷

2023 年 1 月第 1 版第 1 次印刷

184mm×250mm · 8.75 印张 · 221 千字

标准书号：ISBN 978-7-111-70647-2

定价：79.00 元

电话服务　　　　　　　　网络服务

客服电话：010-88361066　机　工　官　网：www.cmpbook.com

　　　　　010-88379833　机　工　官　博：weibo.com/cmp1952

　　　　　010-68326294　金　书　网：www.golden-book.com

封底无防伪标均为盗版　机工教育服务网：www.cmpedu.com

前言
Preface

随着我国经济建设的飞速发展，城市化建设迅猛崛起，并取得了辉煌的成就，城乡建设在国民经济中的地位日益突出，带动了建筑装饰行业的发展，大量新颖别致的建筑相继涌现，这些建筑不仅讲究美观性、个性化、实用性、经济性及节能性，而且更加注重环保，其中装饰装修工程整体和细部的质量要求也越来越严格。

装饰工程构造是解决装饰装修材料、构件之间结合的方法和形式，它是实施装饰装修工程的措施，也是设计施工图的主要内容。由于资料来源庞杂繁复，设计施工过程中涉及大量的构造图等，为了适应现代化建筑的发展形势，企业对装饰工程专业人士的需求也大幅增加，但由于其中许多从业人员没有受过装饰装修构造相关知识的专门训练，以致出现装饰装修施工图或是缺乏深度或是错误百出，严重影响了装饰工程的质量。基于以上原因，编者根据现行装饰工程设计等相关国家标准、规范，结合实例编写了本书，旨在提高设计效率。

由于装饰工程构造类型繁多，设计、施工过程中涉及大量的构造图、节点图等，而一个好的工程往往是由无数个精确、标准的节点组合而成，因此每个建筑工程技术人员都需要了解掌握。

本书编写的主要特点是将基本的装饰工程节点构造做法通过 CAD 平面图、节点三维图、现场实例图相结合的方式表达出来，以装饰工程构造节点设计为主线，采用图、表、文字三者结合的形式，帮助读者快速理解装饰工程节点构造的基本知识，培养读者的空间想象能力，以及正确绘制和阅读工程图样的基本能力。

本书共分为三章，主要内容包括：装饰装修工程基础知识、装饰装修工程构造节点、装饰装修工程管理及质量验收。本书内容简洁明了，与实际结合性强，便于广大读者掌握。

诚挚地希望本书能为读者带来更多的帮助，编者将会感到莫大的荣幸与欣慰。本书中的各类混凝土结构构造节点适合哪种场合，敬请读者仔细领会和推敲，切勿生搬硬套。在本书的编写过程中参阅和借鉴了许多优秀书籍和文献资料，一并列在参考文献中，同时还得到了有关领导和专家的帮助，在此一并表示感谢。由于编者的经验和学识有限，书中内容难免存在遗漏和不足之处，敬请广大读者批评和指正，便于进一步修改完善。

编　者

目 录
Contents

第一章

装饰装修工程基础知识

◀ 第一节　装饰装修工程常用规范、标准、规程 ▶

一、规范

《住宅设计规范》（GB 50096—2011）

《民用建筑设计统一标准》（GB 50352—2019）

《建筑设计防火规范》（GB 50016—2014）（2018 年版）

《建筑内部装修设计防火规范》（GB 50222—2017）

《建筑装饰装修工程质量验收标准》（GB 50210—2018）

《住宅装饰装修工程施工规范》（GB 50327—2001）

《室内装饰装修用天然树脂木器涂料》（GB/T 27811—2011）

《室内装饰装修材料 人造板及其制品中甲醛释放限量》（GB 18580—2017）

《木器涂料中有害物质限量》（GB 18581—2020）

《建筑用墙面涂料中有害物质限量》（GB 18582—2020）

《室内装饰装修材料 胶粘剂中有害物质限量》（GB 18583—2008）

《室内装饰装修材料 聚氯乙烯卷材地板中有害物质限量》（GB 18586—2001）

《室内装饰装修材料 地毯、地毯衬垫及地毯胶粘剂有害物质释放限量》（GB 18587—2001）

《装饰装修胶粘剂制造、使用和标识通用要求》（GB/T 22377—2008）

《建筑装饰用铝单板》（GB/T 23443—2009）

《室内装饰装修用溶剂型醇酸木器涂料》（GB/T 23995—2009）

《室内装饰装修用溶剂型聚氨酯木器涂料》（GB/T 23997—2009）

《室内装饰装修用水性木器涂料》（GB/T 23999—2009）

《室外装饰用木塑墙板》（JC/T 2224—2014）

《建筑用免烧釉面装饰板》（JG/T 559—2018）

《干挂饰面石材》（GB/T 32834—2016）

二、标准

《房屋建筑室内装饰装修制图标准》（JGJ/T 244—2011）

《房屋建筑制图统一标准》（GB/T 50001—2017）

《建筑制图标准》（GB/T 50104—2010）

三、 规程

《建筑装饰工程木制品制作与安装技术规程》（CECS 288—2011）

《建筑装饰工程石材应用技术规程》（DB11/512—2017）

◀ 第二节　装饰装修工程常用设备工具 ▶

装饰装修工程常用设备工具见表1-1 至表1-11。

表1-1　木工工具

序号	名称	特点用途
1	钢卷尺	一般用于测量建筑物构件和建筑物长度
2	角尺	大、小角尺可以用来检验构件相邻面是否成直角。三角尺沿翼斜边画45°斜角线。活络角尺（活尺）用于测量构件相邻两面的角度或画角度线。使用时先将螺帽放松，找好角度后再拧紧
3	水平尺	用来检验建筑构件、安装件表面的水平度或垂直度
4	线坠	用于检验物体、建筑构件及建筑物的垂直度，是建筑安装的必备工具之一
5	墨斗	用于弹线
6	扳手	活动扳手在安装构件时用来紧固、拆卸螺栓

表1-2　装饰抹灰工工具

序号	名称	特点用途
1	平抹子	用来抹底层灰及面层灰
2	角抹子	用来抹阴、阳角同时用来对阴、阳角进行压光
3	压子	适用于水泥砂浆面层压光和纸筋石灰、麻刀石灰罩面
4	托灰板	用于抹灰时承托砂浆
5	木杠	主要用于刮平抹灰饰面
6	靠尺板	主要用于抹灰线
7	分格器	也称劈缝溜子或抽筋铁板，用于抹灰面层分格
8	锤子	分铁锤、花锤、木锤、胶锤等几种。铺预制水磨石、大理石应用胶锤或木锤；铺陶瓷锦砖、水泥砖，应用木锤。花锤用于做斩假石
9	开刀	主要用于陶瓷锦砖拨缝
10	剁斧	主要用于剁斩假石和清理混凝土基层
11	单刀或多刀	主要用来剁斩假石
12	干粘石专用工具	干粘石施工时必备工具
13	假面砖工具	用于做假面砖

表 1-3　装饰工工具

序号	名称	特点用途
1	螺钉旋具	主要用于装卸木螺钉。装卸木螺钉时，要使其刀头紧压在螺钉帽槽口内，顺时针方向拧则螺钉上紧，逆时针方向拧则螺钉退出
2	拉铆枪与铆螺母枪	用于金属结构安装对抽芯铝铆钉进行拉铆
3	抽芯铆钉手动枪	该工具无须外接能源、操作简单、铆接速度快、不受封闭构件难于铆接的限制，是提高劳动生产率不可缺少的铆接工具
4	手钳式拉铆枪	铆接抽芯铆钉的工具。在狭小场地可以操作，是维修或小批量铆接的必备工具
5	助推器	又称堵缝枪、挤压枪。用来助推胶粘剂，它的作用是挤压胶筒，使胶粘剂均匀流出
6	木柄塑料安装锤	安装锤的锤头两端可用不同材料制成，至少有一端是用塑料、橡胶或尼龙制成，保证安装时被敲击面没有锤疤和痕迹，不损伤表面，不冒火花。它还特别适用于薄板的敲击和整形，是代替木锤的理想工具
7	装饰工锤	室内装饰作业用的工具，其一端有敲打槽，经处理附磁，可吸附圆钉等
8	辊子	用于滚涂的施工工具
9	手动弹涂器	用于弹涂的施工工具，是装饰工程涂料施工必不可少的工具
10	喷涂工具（喷枪、喷斗）	用于喷涂施工
11	墙地砖切割机	用于装饰工程中墙、地砖的切割
12	划规	画圆、分度等用的工具
13	尖嘴钳	用金属薄板和铝塑板加工圆弧用

表 1-4　电动工具

序号	名称		特点用途
1	钻	手电钻	用来对金属、塑料或其他类似材料或工件进行钻孔的电动工具
		电动冲击钻	在金属饰面装饰工程中，以及安装水电设备等必不可少的电动工具
		角向电钻	用于特殊空间钻孔
		自攻螺钉钻	该钻是安装自攻螺钉的专用机具，用于轻钢龙骨或铝合金龙骨安装金属饰面板
2	电锤		用于金属门窗及金属龙骨吊顶安装，广泛用于装饰工程中
3	电动螺钉旋具		主要用于装卸螺钉
4	电动扳手		用于装拆紧固件、螺栓、螺母等，广泛用于建筑工程和装饰工程中

表 1-5　锯（剖、刨、剪）工具

序号	名称	特点用途
1	型材切割机	利用砂轮磨削原理，切割各种型材

（续）

序号	名称		特点用途
2	电动圆锯		一种手提式切割工具，主要用于锯割木材、塑料板，以及与其硬度相近的装饰板材
3	手提式电刨		适用于木材表面的刨削、截口、倒棱、刨光、修边等
4	曲线锯		主要用于切割金属和有色金属
5	电动剪刀		用来剪切镀锌薄钢板和铝板的工具
6	电冲剪刀		用冲剪波纹钢板、塑料板、压层板等板材的工具，还可以在板材上开孔
7	往复锯		一种电动工具，可用来切割木材、金属板和管材
8	铝合金型材切割机		主要用于装饰工程中铝合金龙骨吊顶、铝合金门窗、铝合金板墙面安装等
9	石材切割机		用于切割石材
10	瓷片切割机		用于切割瓷片

表1-6　雕、挖、磨类设备工具

序号	名称	特点用途
1	木工雕刻机	用于木材雕刻
2	电动木工开槽机	用于木工作业中开槽和刨边，装上成型刀具，也可进行成型刨削
3	修边机	用于木构件加工的机具
4	带式电动磨光机	用来磨光各种材料表面的工具，只需依材料的不同更换相应的砂带即可
5	高频振荡磨光机	用于各种材料表面的磨光

表1-7　气动工具

序号	名称		特点用途
1	钻	气钻	适用于金属构件、塑料构件等的钻孔，广泛用于装饰工程施工中
		弯角形气钻	适用于金属结构安装，用于普通钻难于钻孔的位置
2	气动T形射钉枪		可以将T形射钉钉入被紧固物体上，起加固、连接作用，广泛用于装饰工程的木作业和单层铝板安装
3	气动圆盘射钉枪		将直射钉射在混凝土结构、砌体结构以及岩石和钢铁中，以便紧固被连接的构件
4	码钉射钉枪		可以把码钉射入建筑构件内以起紧固、连接作用。目前在装饰工程中，木作业及铝板装饰使用广泛、效果好
5	圆头钉射钉枪		将直射钉发射于混凝土结构、砖砌体结构以便紧固连接物体
6	TA-20A系列气动枪		操作快捷，冲击力强，永不露钉，用于建筑装饰工程
7	气动打钉枪		专供锤钉扁头钉的气动工具。其特点是使用方便，安全可靠，劳动强度低，生产效率高，广泛用于建筑工程和装修工程
8	气动油漆搅拌器		专供调和搅拌各种油漆底浆、涂料和乳剂
9	微型空气压缩机		在装饰工程中，常用微型空气压缩机提供动力安装装饰面层。目前应用甚广，是装饰工程必备的机具

表1-8　扭、铆类工具

序号	名称	特点用途
1	气动拉铆枪	适用于抽芯铝铆钉铆接的气动工具。其特点是重量轻、操作简便、没有噪声，广泛用于建筑装修工程
2	气动扳手	以压缩空气为动力源推动气动机旋转做功，用于装修工程中装拆螺纹紧固件等施工项目
3	气动铆钉枪	用来铆接铝合金结构和钢结构的构件，在装饰工程中广泛应用
4	射钉器	用于装饰工程中顶棚、幕墙等项目安装
5	气动螺钉旋具	用于各种机械、金属结构安装与修理工作中旋紧和拆卸螺钉。目前广泛用于装饰工程金属饰面、金属吊顶、金属屋面等工程项目的安装

表1-9　装饰机具

序号	名称		特点用途
1	水磨石机	单盘式水磨石机	适用于水磨石、大理石、混凝土地面面层的磨平磨光作业，使地面面层达到平滑、光泽、美观，并具有耐磨及防水功能
		双盘式水磨石机	
		手提式水磨石机	
		小型侧卧式水磨石机	
2	地面抹光机		适用于水泥砂浆和混凝土路面、楼板等表面的抹平和压光
3	高压无气喷涂机		利用高压泵提供的高压涂料，经过喷枪的特殊喷嘴，把涂料均匀雾化，实现高压无气喷涂，是涂饰工程中的重要设备

表1-10　机械喷涂、抹灰类设备

序号	名称	特点用途
1	砂浆输送泵	采用砂浆输送泵输送砂浆。按结构特征的不同可分为柱塞式砂浆输送泵、隔膜式砂浆输送泵、灰气联合砂浆输送泵和挤压式砂浆输送泵等
2	组装车	将砂浆搅拌机、砂浆输送泵、空气压缩机、砂浆斗、振动筛和电气设备等组装成为一个整体，完成喷涂抹灰作业的一种车辆，既便于移动，又便于操作
3	管道	输送砂浆的主要设备 室外管道的连接采用法兰盘，接头处垫上橡胶垫以防止漏水，一般采用钢管，在管道的最低处安装三通，以便冲洗砂浆输送泵及管道时打开三通使污水排出 室内管道采用橡胶管，连接采用铸铁卡具 空气压缩机和喷枪头之间也用橡胶管连接，以输送压缩空气。将靠近操作地点的橡胶管使用分岔管分成两股，以使两个喷枪头同时喷灰
4	喷枪	喷枪头用钢板或铝合金板焊成，气管用铜管制成。插在喷枪头上的进气口用螺栓固定，要求操作灵活省力，喷出的砂浆均匀、细长且落地灰少

表 1-11 混凝土搅拌机类设备

序号	名称	特点用途
1	锥形反转出料式搅拌机	主要特点是搅拌筒轴线始终保持水平,筒内设有交叉布置的搅拌叶片。在出料端设有一对螺旋形出料叶片。正转搅拌时,物料一方面被搅拌叶片提升、落下,另一方面强迫物料做轴向窜动,搅拌运动比较强烈;反转时,由出料叶片将拌合物卸出。这种结构适用于搅拌塑性较高的普通混凝土和半硬性混凝土
2	锥形倾翻出料式搅拌机	主要特点是搅拌机的进、出料为一个口,搅拌时锥形搅拌筒轴线呈 15°仰角,出料时搅拌筒向下旋转,呈 50°~60°俯角。这种搅拌机卸料方便、速度快、生产率高,适用于混凝土搅拌站(楼)作主机使用
3	立轴强制式搅拌机	靠搅拌筒内的涡桨式叶片的旋转将物料挤压、翻转、抛出而进行强制搅拌,具有搅拌均匀、时间短、密封性好的优点,适用于搅拌干硬性混凝土和轻质混凝土
4	卧轴强制式搅拌机	兼有自落式和强制式的优点,即搅拌质量好、生产率高、耗能少,能搅拌干硬性、塑性、轻集料等混凝土以及各种砂浆、灰浆和硅酸盐等的混合物,是一种多功能的搅拌机械设备,分单卧轴和双卧轴两种

◀ 第三节 装饰装修工程识图 ▶

一、平面图

1. 建筑装饰装修工程平面图

(1) 平面图的基本内容

1) 表明建筑物的平面形状与尺寸。建筑物在装饰平面图中的平面尺寸常分为三个层次,最外一层是外包尺寸,表明建筑物的总长度;第二层是房间的净空尺寸;第三层是门窗、墙垛、柱、楼梯等的结构尺寸。

2) 表明装修装饰结构在建筑物内的平面位置及与建筑结构的相互关系尺寸,表明装饰结构的具体形状和尺寸,表明装饰面的材料和工艺要求等。

3) 表明室内设备、家具安放的位置及与装饰布局的关系尺寸,表明设备及家具的数量、规格和要求。

4) 表明各种房间的位置及功能,走道、楼梯、防火通道、安全门、防火门等人员流动空间的位置与尺寸。

5) 表明各剖面图的剖切位置、详图和通用配件等的位置及编号。

6) 表明门、窗的开启方向与位置尺寸。

7) 表明各立面图的视图投影关系和视图位置编号。

8) 表明台阶、水池、组景、踏步、雨篷、阳台、绿化设施的位置及关系尺寸。

9) 标注图名和比例。此外,整张图纸还有图标和会签栏,以作图纸的文件标志。

10) 用文字说明图例和其他符号表达不足的内容。

（2）平面图识读要点

1）首先看图名、比例、标题栏，弄清是什么平面图。再看建筑平面基本结构及尺寸，把各个房间的名称、面积及门窗、走道等主要尺寸记住。

2）通过装饰面的文字说明，弄清施工图对材料规格、品种、色彩、工艺的要求。结合装饰面的面积，组织施工和安排用料。明确各装饰面的结构材料与饰面材料的衔接关系与固定方式。

3）确定尺寸。先要区分建筑尺寸与装饰装修尺寸，再在装饰装修尺寸中，分清定位尺寸、外形尺寸和结构尺寸。

4）通过平面布置图上的符号来确定相关情况。

①通过投影符号，明确投影面编号和投影方向，进一步查阅各投影方向的立面图。

②通过剖切符号，明确剖切位置及其剖切方向，进一步查阅相应的剖面图。

③通过索引符号，明确被索引部位和详图所在位置。

2. 建筑装饰装修工程顶棚平面图

（1）顶棚平面图的基本内容

1）表明墙柱和门窗洞口位置。顶棚平面图一般都采用镜像投影法绘制。用镜像投影法绘制的顶棚平面图，其图形上的前后、左右位置与装饰平面布置图完全相同，纵、横轴线的排列也与之相同。

2）表明顶棚装饰造型的平面形式和尺寸，并通过附加文字说明其所用材料、色彩及工艺要求。

3）表明顶棚所用的装饰材料及规格。

4）表明顶部灯具的种类、式样、规格、数量、布置形式和安装位置，空调风口、顶部消防与音响设备等设施的布置形式与安装位置，墙体顶部有关装饰配件（如窗帘盒、窗帘等）的形式和位置。

5）表明顶棚剖面构造详图的剖切位置及剖面构造详图的所在位置。作为基本图的装饰剖面图，其剖切符号不在顶棚图上标注。

（2）顶棚平面图的识读要点

1）首先应弄清顶棚平面图与平面布置图各部分的对应关系，核对顶棚平面图与平面布置图的基本结构和尺寸是否相符。

2）对于某些有迭级变化的顶棚，要分清其标高尺寸和线型尺寸，并结合造型平面分区线，在平面上建立起二维空间的尺度概念。

3）通过顶棚平面图，了解顶部灯具和设备设施的规格、品种与数量。

4）通过顶棚平面图上的文字标注，了解顶棚所用材料的规格、品种及其施工要求。

5）通过顶棚平面图上的索引符号，找出详图对照阅读，弄清顶棚的详细构造。

二、 立面图

1. 立面图

（1）立面图的基本内容

1）标明装饰吊顶的高度尺寸、建筑楼层底面高度尺寸、装饰吊顶顶面的迭级造型互相关系尺寸。

2）在立面图中，以室内地面为零点标高，以此为基准点来标明其他建筑结构、装饰结构及配件的标高。

3）标明墙面装饰造型和式样，用文字说明所需装饰材料及工艺要求。

4）标明墙面所用设备的位置尺寸、规格尺寸。

5）标明墙面与吊顶的衔接收口方式。

6）标明建筑结构与装饰结构的衔接方式、相关尺寸。

7）标明门、窗、隔墙、装饰隔断物等设施的高度尺寸和安装尺寸。

8）标明楼梯踏步的高度和扶手高度，以及所用装饰材料及工艺要求。

9）标明绿化、组景设置的高低错落位置尺寸。

（2）立面图的识读要点

1）明确建筑装饰装修立面图上与该工程有关的各部分尺寸和标高。

2）弄清地面标高，装饰立面图一般都以首层室内地坪为±0.000，高出地面者以"＋"表示，反之则以"－"表示。

3）弄清每个立面上有几种不同的装饰面，这些装饰面所用材料及施工工艺要求。

4）立面上各不同材料饰面之间的衔接收口较多，要注意收口的方式、工艺和所用材料。

5）要注意电源开关、插座等设施的安装位置和方式。

6）弄清建筑结构与装饰结构之间的衔接、装饰结构之间的连接方法和固定方式，以便提前准备预埋件和紧固件。仔细阅读立面图中的文字说明。

2. 外视立面图

建筑装饰立面图就是以建筑外视立面图为主体，结合装饰设计的要求，补充图示的内容。

外视立面图多见于对建筑物与建筑构件的外观表现，任何物体外形均可用外视立面图来表现，它的使用范围很广泛。在建筑装饰装修工程中，外视立面图主要适用于室外装饰装修工程，其图示方法也适用于室内装饰立面图。

在三视图中外视立面图最富有感染力和空间存在感，任何人一看就能理解，用于建筑方案图上可以表现建筑造型和建筑效果。在建筑施工图中，建筑外视立面图表达了建筑外部做法，在建筑室外装饰装修工程施工图中表现了建筑装饰艺术。

三、 剖面图

1. 剖面图的基本内容

（1）标明装饰面或装饰形体本身的结构形式、材料情况与主要支承构件的相互关系。

（2）表现了内外墙、门窗洞、屋顶的形式，檐口做法，楼地面的设置，楼梯构造及室内外处理等。

（3）标明装饰结构与建筑结构之间的衔接尺寸与连接方式。

（4）标明剖切空间内可见实物的形状、大小与位置。

（5）标明装饰面上的设备安装方式或固定方法，装饰面与设备间的收口、收边方式。

（6）表达了建筑物、建筑空间及装饰结构的竖向尺寸及关系。

（7）标明图名、比例和被剖切墙体的定位轴线及其编号，以便与平面图对照阅读。

2. 剖面图的识读要求

（1）看剖面图首先要弄清该图从何处剖切而来，分清是从平面图上还是从立面图上剖切的。剖切面的编号或字母应与剖面图符号一致，了解该剖面的剖切位置与方向。

（2）通过对剖面图中所示内容的阅读研究，明确装饰装修工程各部位的构造方法、尺寸、材料要求与工艺要求。

（3）注意剖面图上的索引符号，以便识读构件或节点详图。

（4）仔细阅读剖面图竖向数据及有关尺寸、文字说明。

（5）注意剖面图中各种材料结合方式及工艺要求。

（6）弄清剖面图中的标注和比例。

四、 详图

1. 局部放大图

（1）室内装饰平面局部放大图以建筑平面图为依据，按放大的比例图示出厅室的平面结构形式和形状大小、门窗设置等，对家具、卫生设备、电器设备、织物、摆设、绿化等平面布置表达清楚，同时还要标注有关尺寸和文字说明等。

（2）室内装饰立面局部放大图重点表现墙面的设计，先图示出厅室围护结构的构造形式，再将墙面上的附加物，以及靠墙的家具都详细地表现出来，同时标注有关详细尺寸、图示符号和文字说明等。

2. 建筑装饰件详图

建筑装饰件项目很多，如暖气罩、吊灯、吸顶灯、壁灯、空调箱孔、送风口、回风口等。这些装饰件都要依据设计意图画出详图，其内容主要是标明它在建筑物上的准确位置，与建筑物其他构（配）件的衔接关系，装饰件自身构造及所用材料等内容。

建筑装饰件的图示方法要视其细部构造的繁简程度和表达的范围而定。

3. 节点详图

节点详图是将两个或多个装饰面的交汇点，按垂直或水平方向切开，并加以放大绘出的视图。

节点详图主要标明某些构件、配件局部的详细尺寸、做法及施工要求；标明装饰结构与建筑结构之间详细的衔接尺寸与连接形式；标明装饰面之间的对接方式及装饰面上的设备安装方式和固定方法。

节点详图是详图中的详图。识读节点详图一定要弄清该图从何处剖切而来，同时注意剖切方向和视图的投影方向，弄清节点详图中各种材料的结合方式及工艺要求。

第二章

装饰装修工程构造节点

◀ 第一节　墙面装饰装修工程构造节点 ▶

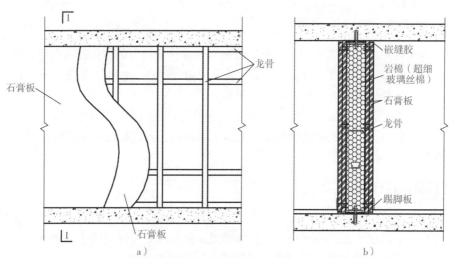

图 2-1-1　轻钢龙骨隔墙构造节点示意图

a) 立面　b) 1—1 剖面

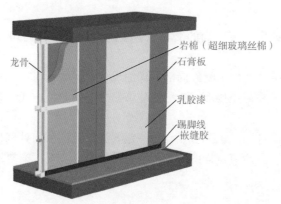

图 2-1-2　轻钢龙骨隔墙构造节点三维图

说明：

1. 预埋件需根据实际情况选用膨胀螺栓、化学螺栓等固定件，并在施工图及材料清单中注明种类及规格、数量等信息。

2. 轻钢龙骨隔墙双层板的内外层板需错缝安装固定。

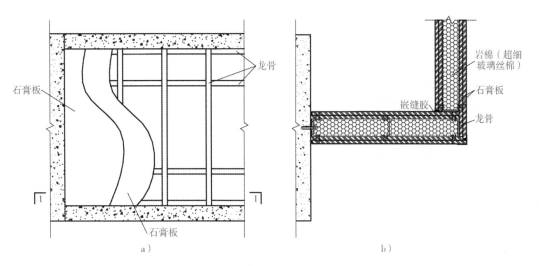

图 2-1-3　轻钢龙骨隔墙转角构造节点示意图

a）立面　b）1—1 剖面

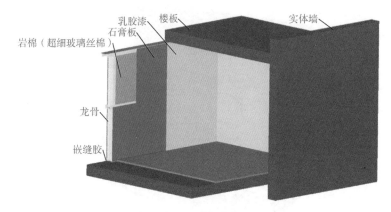

图 2-1-4　轻钢龙骨隔墙转角构造节点三维图

说明：

1. 预埋件需根据实际情况选用膨胀螺栓、化学螺栓等固定件，并在施工图及材料清单中注明种类及规格、数量等信息。

2. 轻钢龙骨隔墙双层板的内外层板需错缝安装固定。

3. 阴阳角需做护角和填充嵌缝胶。

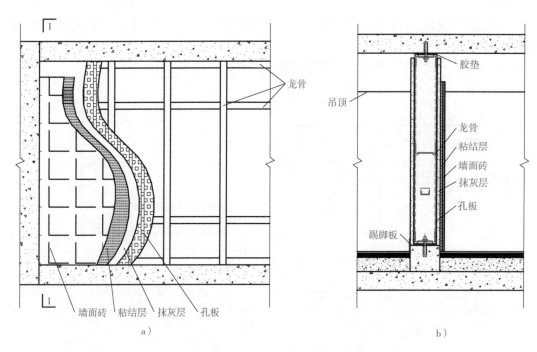

图 2-1-5　轻钢龙骨隔墙（有地垄）构造节点示意图
a）立面　b）1—1 剖面

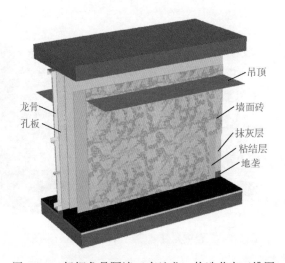

图 2-1-6　轻钢龙骨隔墙（有地垄）构造节点三维图

说明：

1. 较潮湿环境隔墙底部宜设置混凝土地垄（混凝土翻边地梁/混凝土导墙）。

2. 隔墙龙骨外侧钉装孔板（冲压钢板）一道。

3. 石膏板表面自攻螺钉应做防锈处理。

4. 隔声棉应填充密实。

图 2-1-7　轻钢龙骨隔墙施工实例图

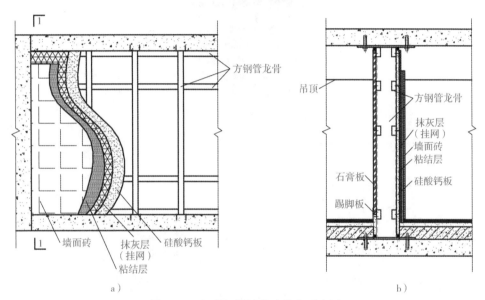

a)　　　　　　　　　　　　　　　　　　b)

图 2-1-8　钢骨架隔墙构造节点示意图

a) 立面　b) 1—1 剖面

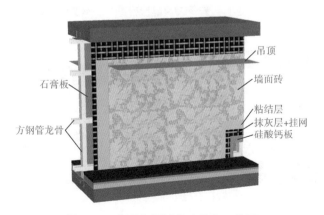

图 2-1-9　钢骨架隔墙构造节点三维图

说明：

1. 钢材表面、预埋件等构件均需做防腐、防锈处理。

2. 钢骨架隔墙底部是否设置混凝土地垄（混凝土翻边地梁/混凝土导墙）需根据实际情况确定，例如：有防水要求的区域，厨房、卫生间。

3. 钢骨架隔墙固定需"顶天立地"。

4. 所有焊点均需满焊。

图 2-1-10　钢骨架隔墙现场实例图

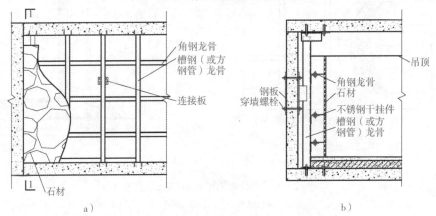

图 2-1-11　轻体砌块隔墙构造节点示意图

a) 立面　b) 1—1 剖面

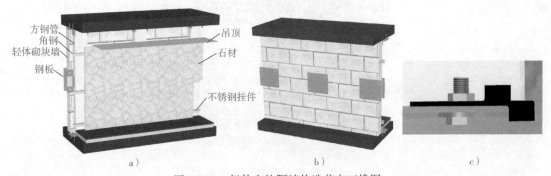

图 2-1-12　轻体砌块隔墙构造节点三维图

a) 立面　b) 侧面　c) 不锈钢挂件

说明：

1. 钢材表面、预埋件等构件均需做防腐、防锈处理。

2. 所有焊点均需牢固。

图 2-1-13　轻体砌块隔墙现场实例图

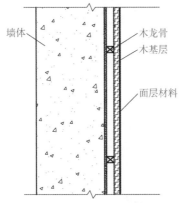

图 2-1-14　木龙骨安装构造节点示意图

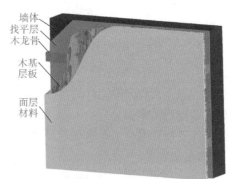

图 2-1-15　木龙骨安装构造节点三维图

说明：

1. 木龙骨、木基层板等均需做防腐、防火处理。

2. 饰面板材墙面安装或粘贴完，应及时贴纸或贴塑料薄膜保护，以保证墙面不被污染。

图 2-1-16　木龙骨安装实例图

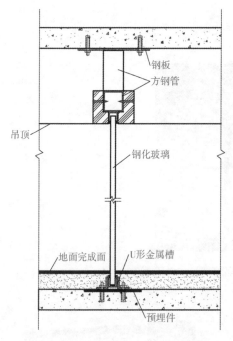

图 2-1-17　玻璃隔墙构造节点示意图

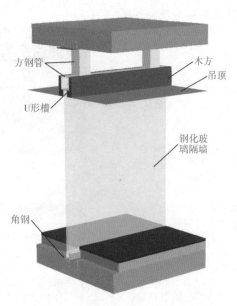

图 2-1-18　玻璃隔墙构造节点三维图

说明:

1. 钢材表面、预埋件等构件均需做防腐、防锈处理。

2. 所有焊点均需牢固。

3. 按照构造形式可分为有框玻璃隔墙和无框玻璃隔墙,鉴于安全考虑,通常采用公称厚度≥12mm 的钢化玻璃。

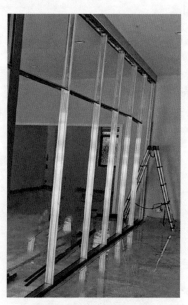

图 2-1-19　玻璃隔墙构造实例图

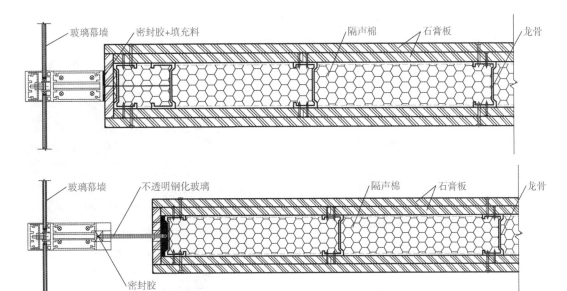

图 2-1-20　玻璃幕墙构造节点示意图

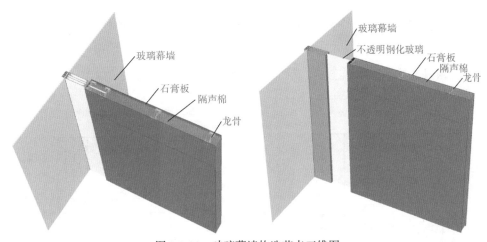

图 2-1-21　玻璃幕墙构造节点三维图

说明：

1. 幕墙所采用的各类紧固件，如螺栓、螺钉等的机械性能，均应符合现行国家标准规范要求。

2. 幕墙所采用的结构密封胶、建筑耐候胶、中空玻璃二道密封胶、防火密封胶等均应符合现行国家标准规范要求。

3. 同一单位幕墙必须采用同一牌号和同一批号的硅酮密封胶，不准使用过期产品。

4. 幕墙玻璃要承受荷载，必须具备一定的力学性能，幕墙玻璃的机械、光学及热工性能、尺寸偏差等，均应符合现行国家标准规范要求。

图 2-1-22　玻璃幕墙实例图

5. 幕墙所承受的自身荷载和外界荷载，需要依靠竖龙骨与埋件的连接传递给主体结构。

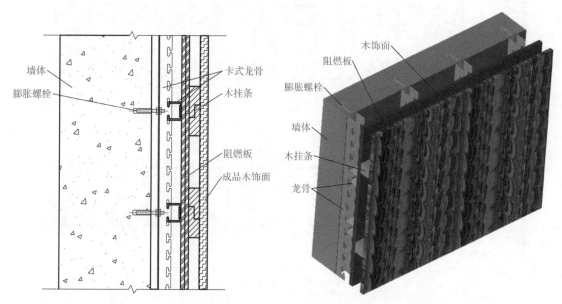

图 2-1-23　木饰面安装构造节点示意图　　　　图 2-1-24　木饰面安装构造节点三维图

说明：

1. 龙骨通过支撑件与墙体连接，其间距≤600mm，应保证龙骨外边缘整体的平整度。
2. 基层板需做防腐、防火处理。

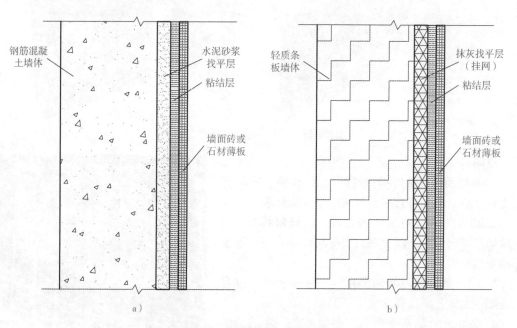

a)　　　　　　　　　　　　　　　　　　b)

图 2-1-25　墙面砖粘贴节点示意图
a）钢筋混凝土墙　b）轻质条板墙

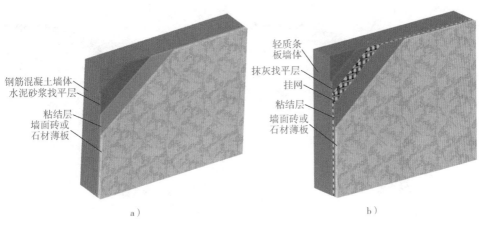

图 2-1-26 墙面砖粘贴节点三维图

a) 钢筋混凝土墙　b) 轻质条板墙

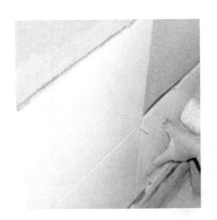

图 2-1-27 墙面砖粘贴实例图

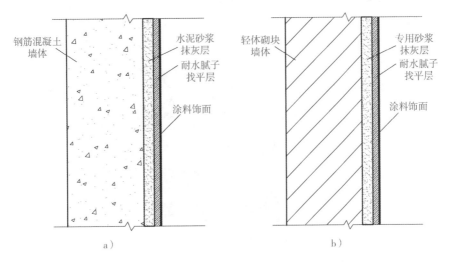

图 2-1-28 涂料墙面节点示意图

a) 钢筋混凝土墙　b) 轻体砌块墙

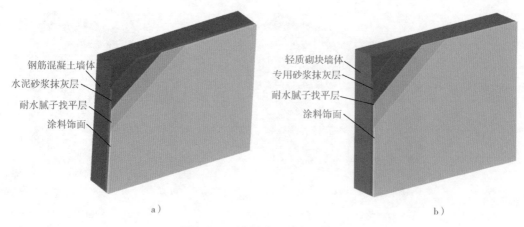

钢筋混凝土墙体
水泥砂浆抹灰层
耐水腻子找平层
涂料饰面

a）

轻质砌块墙体
专用砂浆抹灰层
耐水腻子找平层
涂料饰面

b）

图 2-1-29　涂料墙面节点三维图
a）钢筋混凝土墙　b）轻体砌块墙

图 2-1-30　涂料墙面实例图

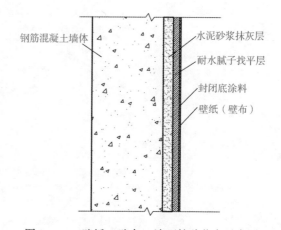

钢筋混凝土墙体
水泥砂浆抹灰层
耐水腻子找平层
封闭底涂料
壁纸（壁布）

图 2-1-31　壁纸（壁布）墙面粘贴节点示意图

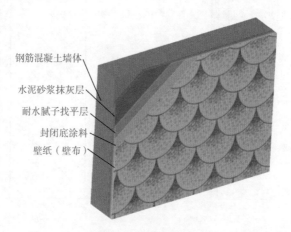

钢筋混凝土墙体
水泥砂浆抹灰层
耐水腻子找平层
封闭底涂料
壁纸（壁布）

图 2-1-32　壁纸（壁布）墙面粘贴节点三维图

图 2-1-33　壁纸（壁布）墙面粘贴实例图

说明：

1. 墙面砖一般工艺流程：

2. 饰面砖应平整、洁净、色泽一致、无裂痕和缺损，必须粘贴牢固。

3. 满贴法施工的墙面砖工程应无空鼓、裂缝。

4. 墙面突出物周围的饰面砖应整砖套割吻合，边缘应整齐。墙裙、贴脸突出墙面的厚度应一致。

5. 壁纸、壁布一般工艺流程：

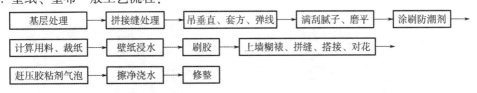

6. 不同墙体间需加钢丝网防开裂，钢丝网覆盖墙体每边不小于150mm。

7. 有水房间应采用耐水性的腻子，后一遍涂料必须在前一遍干燥后进行。

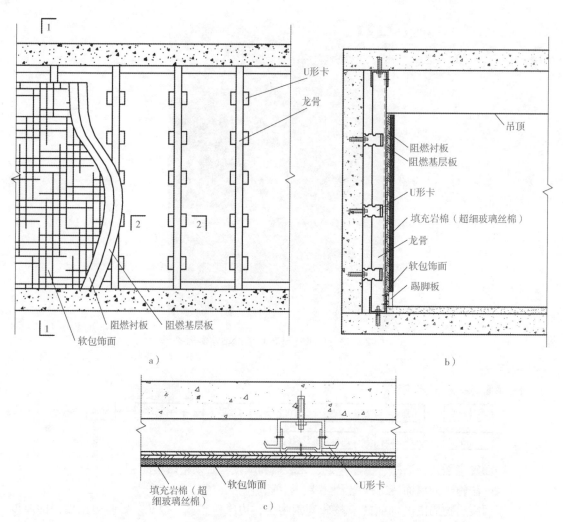

图 2-1-34　软包墙面节点示意图
a) 立面　b) 1—1 剖面　c) 2—2 剖面

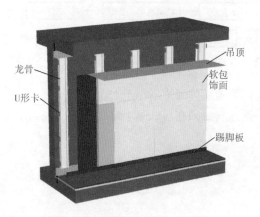

图 2-1-35　软包墙面节点三维图

图 2-1-36　软包墙面实例图

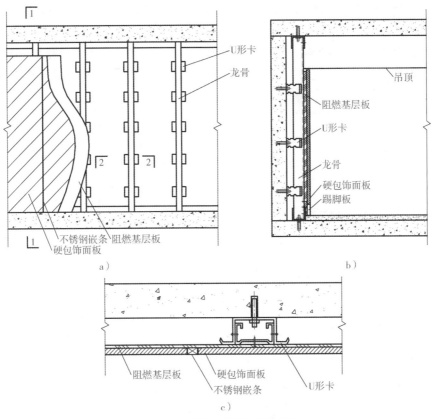

图 2-1-37　硬包墙面节点示意图

a）立面　b）1—1 剖面　c）2—2 剖面

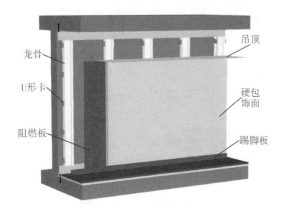

图 2-1-38　硬包墙面节点三维图

图 2-1-39　硬包墙面实例图

说明：

1. 软、硬包墙面一般工艺流程：

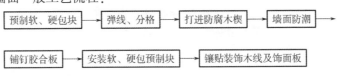

　2. 软、硬包边框所选木材的材质、花纹、颜色和燃烧性能等级应符合设计要求及国家现行标准的有关规定。

　3. 软、硬包面料不应有接缝，四周应绷压严密，需要拼花的，拼接处花纹、图案应吻合；饰面上有电器槽、盒的，开口位置、尺寸应正确，套割应吻合，槽、盒周应镶硬边。

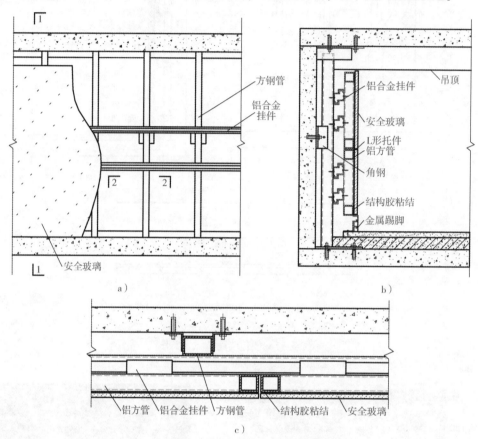

图 2-1-40　装饰玻璃墙面节点示意图

a）立面　b）1—1 剖面　c）2—2 剖面

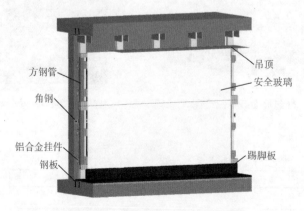

图 2-1-41　装饰玻璃墙面节点三维图

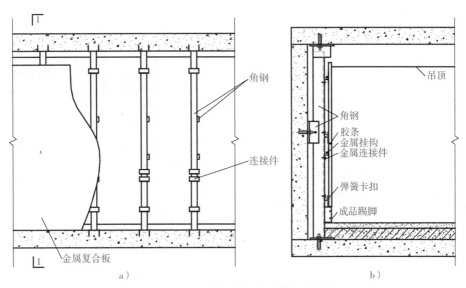

图 2-1-42　金属复合板墙面节点示意图

a) 立面　b) 1—1 剖面

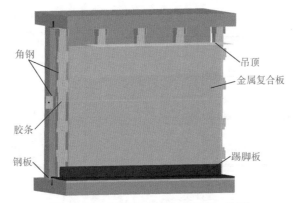

图 2-1-43　金属复合板墙面节点三维图

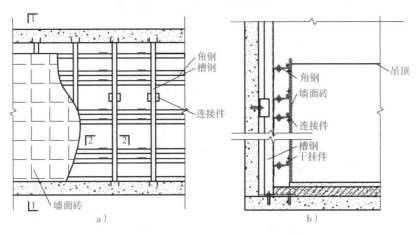

图 2-1-44　墙面砖干挂节点示意图

a) 立面　b) 1—1 剖面

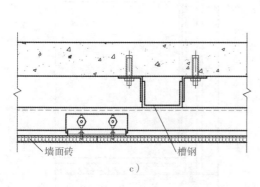

图 2-1-44　墙面砖干挂节点示意图（续）

c）2—2 剖面

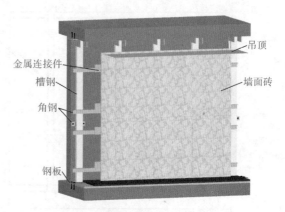

图 2-1-45　墙面砖干挂节点三维图

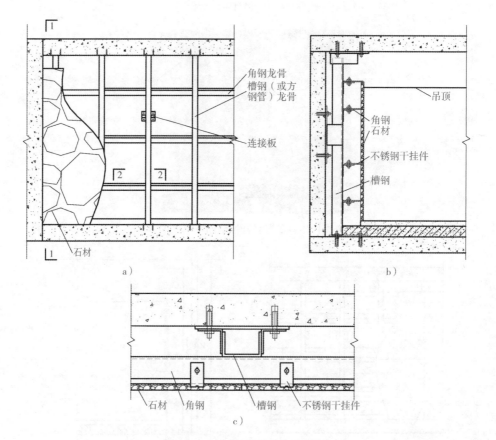

a）

b）

c）

图 2-1-46　石材干挂节点示意图

a）立面　b）1—1 剖面　c）2—2 剖面

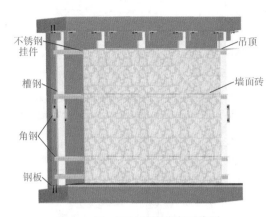

图 2-1-47　石材干挂节点三维图

图 2-1-48　石材干挂节点实例图

说明：

1. 石材干挂一般工艺流程：

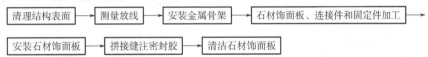

2. 石材饰面板的钻孔或开槽，应符合设计要求，钢销孔位应在石材厚度的正中，距离边端不得小于石材厚度的 3 倍，也不得大于 180mm，开孔间距不宜大于 600mm。

3. 密封胶一般用低模数中性硅酮胶，接缝注胶应连续、密实、均匀、平直、无气泡，外墙石材饰面应防止渗漏。

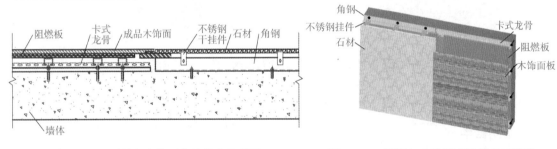

图 2-1-49　石材与木饰面交接节点示意图

图 2-1-50　石材与木饰面交接节点三维图

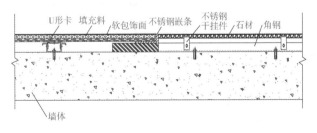

图 2-1-51　石材与软包交接节点示意图

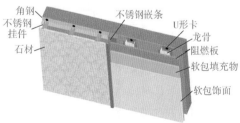

图 2-1-52　石材与软包交接节点三维图

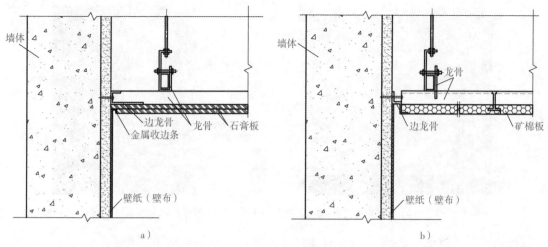

图 2-1-53　壁纸（壁布）墙面与顶棚交接节点示意图
a）石膏板顶棚　b）矿棉板顶棚

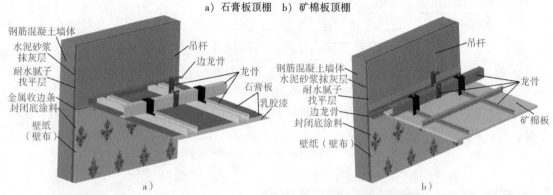

图 2-1-54　壁纸（壁布）墙面与顶棚交接节点三维图
a）石膏板顶棚　b）矿棉板顶棚

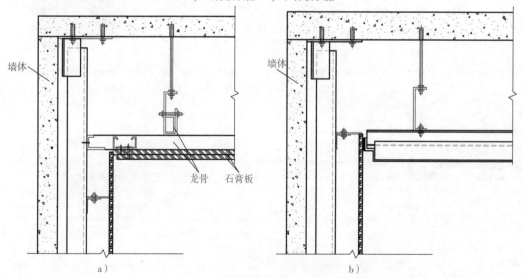

图 2-1-55　石材干挂墙面与顶棚交接节点示意图
a）石膏板顶棚　b）成品吊顶顶棚

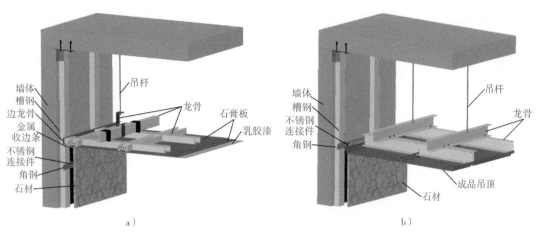

图 2-1-56　石材干挂墙面与顶棚交接节点三维图

a）石膏板顶棚　b）成品吊顶顶棚

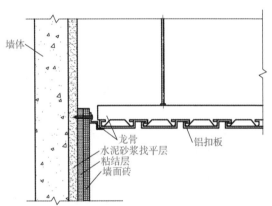

图 2-1-57　墙面砖与顶棚交接节点示意图

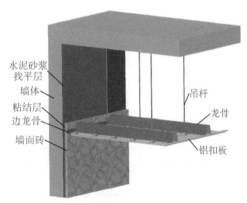

图 2-1-58　墙面砖与顶棚交接节点三维图

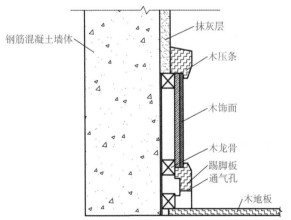

图 2-1-59　木墙裙安装节点示意图

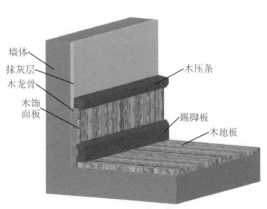

图 2-1-60　木墙裙安装节点三维图

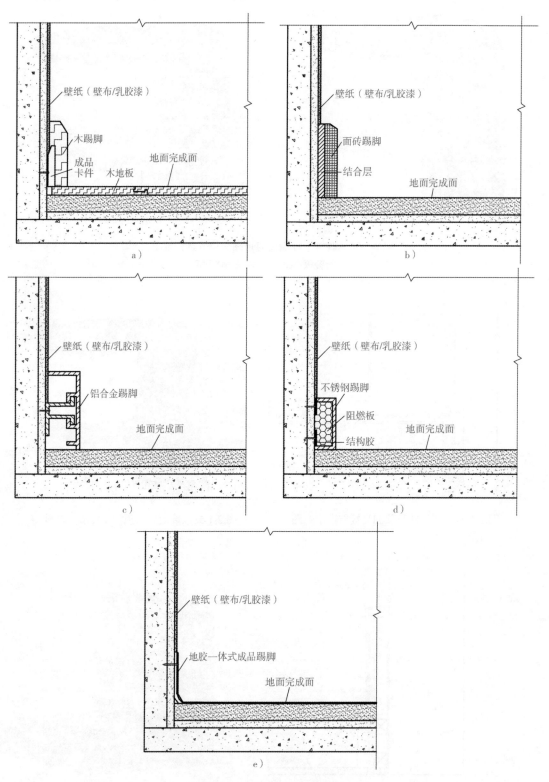

图 2-1-61　踢脚线节点示意图

a）木踢脚　b）面砖踢脚　c）铝合金踢脚　d）不锈钢踢脚　e）地胶一体式成品踢脚

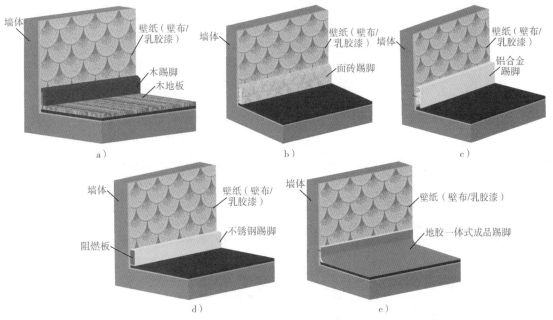

图 2-1-62　踢脚线节点三维图

a）木踢脚　b）面砖踢脚　c）铝合金踢脚　d）不锈钢踢脚　e）地胶一体式成品踢脚

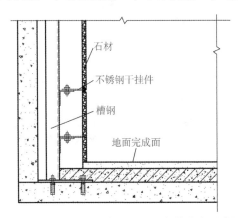

图 2-1-63　石材干挂墙面与地面交接节点示意图

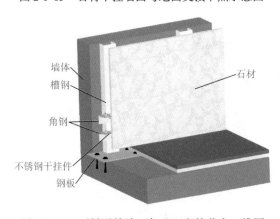

图 2-1-64　石材干挂墙面与地面交接节点三维图

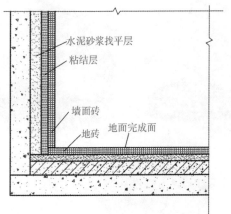

图 2-1-65　墙面砖与地面交接节点示意图　　　图 2-1-66　墙面砖与地面交接节点三维图

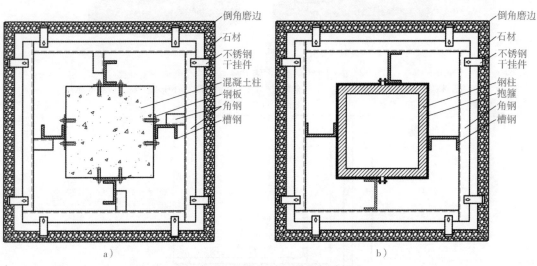

图 2-1-67　柱体石材干挂节点示意图

a) 混凝土柱　b) 钢柱

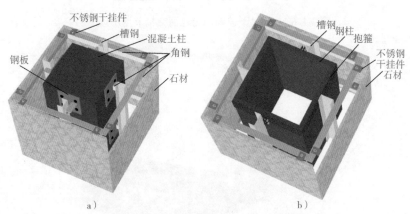

图 2-1-68　柱体石材干挂节点三维图

a) 混凝土柱　b) 钢柱

图 2-1-69　柱体石材干挂节点实例图

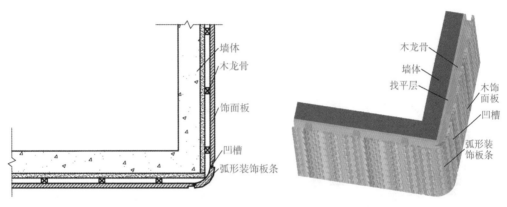

图 2-1-70　墙面阳角收口节点示意图　　　　　图 2-1-71　墙面阳角收口节点三维图

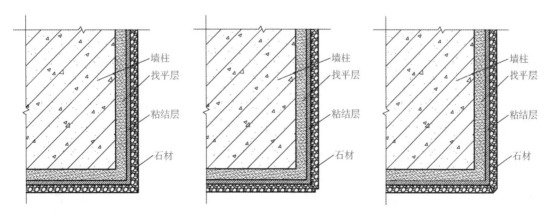

图 2-1-72　墙柱面石材阳角收口节点示意图

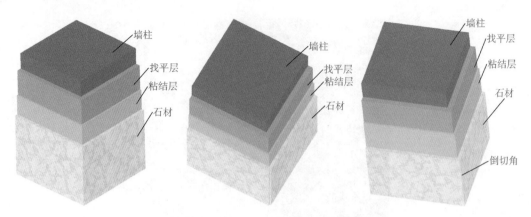

图 2-1-73　墙柱面石材阳角收口节点三维图

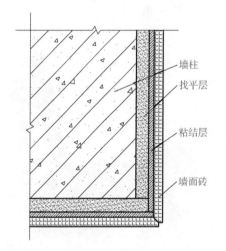

图 2-1-74　墙柱面瓷砖阳角收口节点示意图

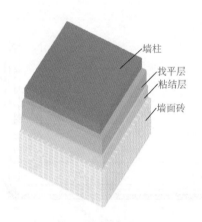

图 2-1-75　墙柱面瓷砖阳角收口节点三维图

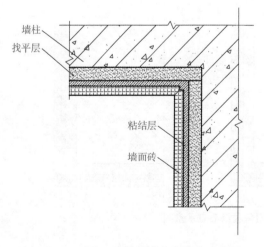

图 2-1-76　墙柱面瓷砖阴角收口节点示意图

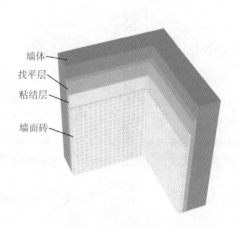

图 2-1-77　墙柱面瓷砖阴角收口节点三维图

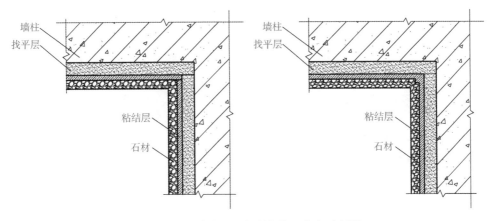

图 2-1-78　墙柱面石材阴角收口节点示意图

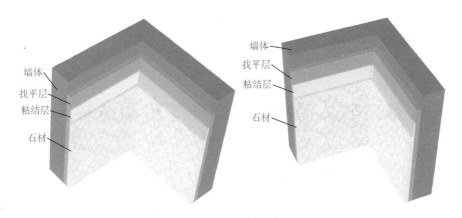

图 2-1-79　墙柱面石材阴角收口节点三维图

图 2-1-80　墙柱面石材阳角收口实例图　　　　图 2-1-81　墙柱面石材阴角收口实例图

说明：

1. 墙柱面石材阳角收口均需 45°拼接对角处理，用与石材同色的云石胶作为勾缝剂，勾缝必须严密；墙柱面瓷砖阳角收口均需 45°拼接对角处理，用填缝剂填缝，以防开裂。

2. 墙柱面石材阴角收口均需 45°拼接对角处理；墙柱面瓷砖阴角收口均需 45°拼接对角处理，用填缝剂填缝。

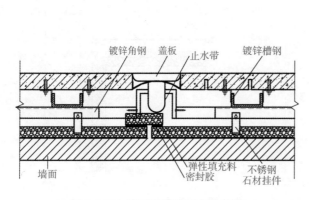

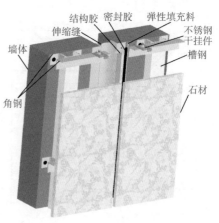

图2-1-82　墙面变形缝节点示意图　　　　图2-1-83　墙面变形缝节点三维图

说明:

胶粘剂需做相容性试验。

◀ 第二节　顶棚装饰装修工程构造节点 ▶

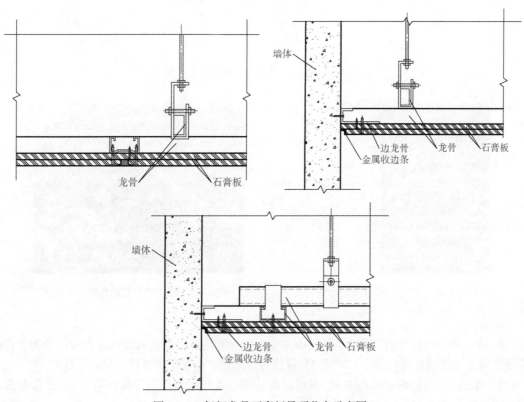

图2-2-1　轻钢龙骨石膏板吊顶节点示意图

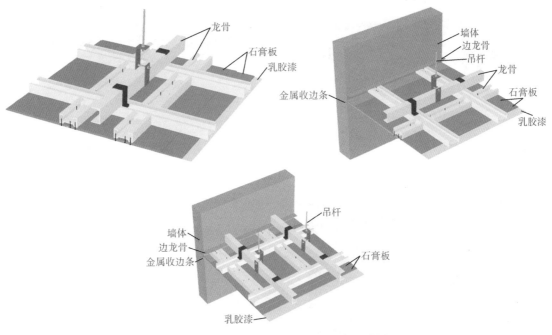

图 2-2-2 轻钢龙骨石膏板吊顶节点三维图

图 2-2-3 轻钢龙骨石膏板吊顶节点实例图

说明:

1. 吊顶龙骨间距需根据板厚及板长具体情况确定。

2. 吊杆选用通丝吊杆,边龙骨可选用 L 形、F 形等。

3. 轻钢龙骨隔墙双层板的内外层板需错缝安装固定。

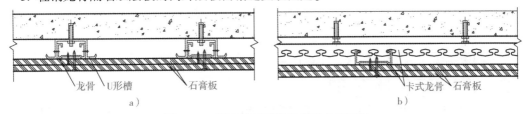

a)   b)

图 2-2-4 贴顶式石膏板吊顶节点示意图

a) U 形槽 b) 卡式龙骨

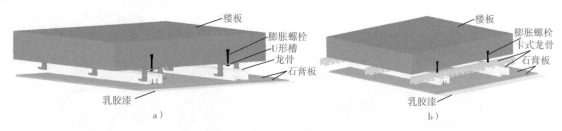

图 2-2-5　贴顶式石膏板吊顶节点三维图
a）U形槽　b）卡式龙骨

图 2-2-6　贴顶式石膏板吊顶节点实例图

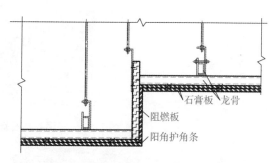

图 2-2-7　石膏板跌级吊顶节点示意图

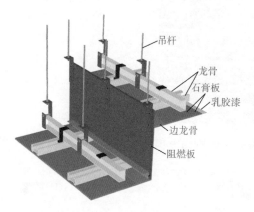

图 2-2-8　石膏板跌级吊顶节点三维图

图 2-2-9　石膏板跌级吊顶节点实例图

说明：

1. **工艺流程：**

2. 石膏板与龙骨固定，应从一块板的中间向板的四周进行固定，不得多点同时作业。

3. 安装双层板时，面层板与基层板的接缝应错开，不得在一根龙骨上。

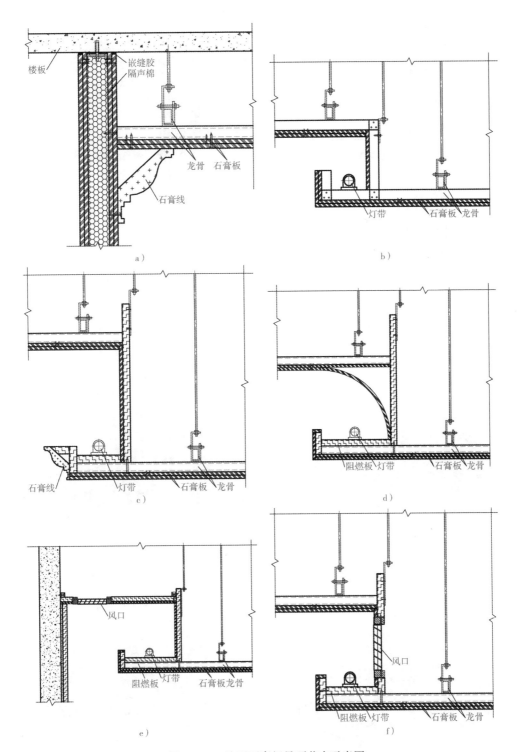

图 2-2-10　造型石膏板吊顶节点示意图
a）成品石膏线条　b）暗藏灯带　c）石膏线暗藏灯带　d）弧形石膏线暗藏灯带
e）靠墙风口带灯槽造型　f）灯槽带风口造型

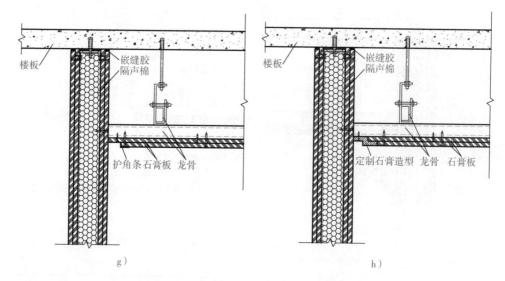

图 2-2-10 造型石膏板吊顶节点示意图（续）

g）顶面墙角留缝造型一 h）顶面墙角留缝造型二

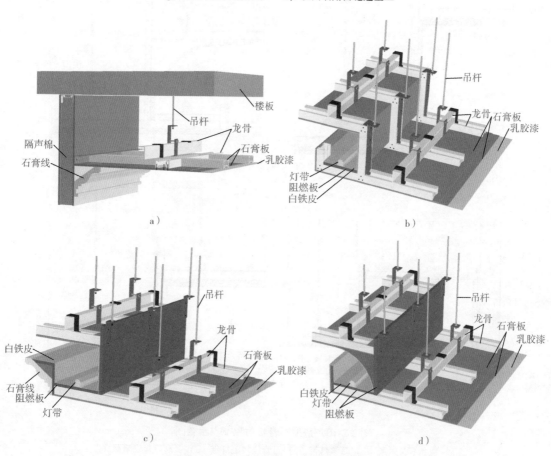

图 2-2-11 造型石膏板吊顶节点三维图

a）成品石膏线条 b）暗藏灯带 c）石膏线暗藏灯带 d）弧形石膏线暗藏灯带

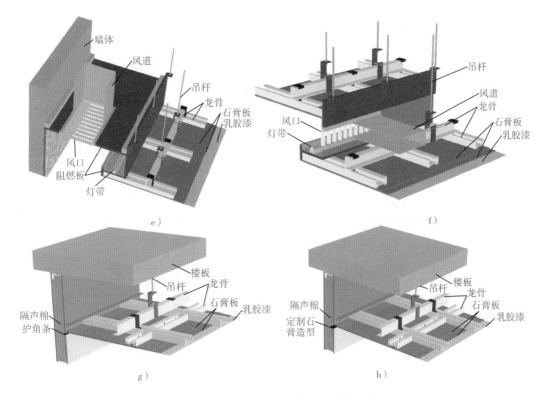

图 2-2-11　造型石膏板吊顶节点三维图（续）

e）靠墙风口带灯槽造型　f）灯槽带风口造型　g）顶面墙角留缝造型一　h）顶面墙角留缝造型二

图 2-2-12　造型石膏板吊顶节点实例图

说明：

1. 造型吊顶吊装要注意与四周石膏板的连接，接缝处理平直、圆滑。

2. 顶棚内所有露明的铁件焊接处，安装罩面板前必须刷好防锈漆。

3. 木骨架与结构接触面应进行防腐处理，木龙骨刷防火涂料 2～3 遍。

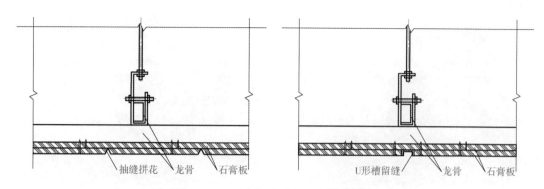

抽缝拼花　龙骨　石膏板　　　　　U形槽留缝　　龙骨　石膏板

图 2-2-13　石膏板吊顶留缝节点示意图

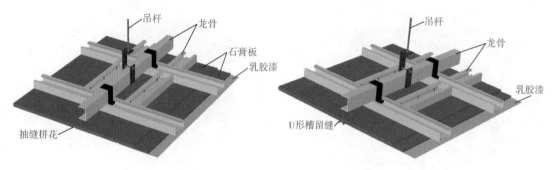

吊杆　龙骨　石膏板　乳胶漆　　　吊杆　龙骨　乳胶漆

抽缝拼花　　　　　　　　　　　　U形槽留缝

图 2-2-14　石膏板吊顶留缝节点三维图

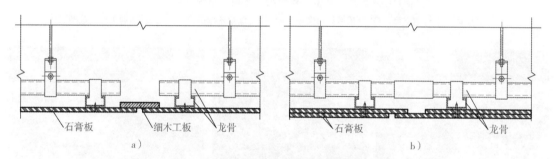

石膏板　细木工板　龙骨　　　　　石膏板　龙骨

a）　　　　　　　　　　　　b）

图 2-2-15　石膏板吊顶伸缩缝节点示意图
a）单层石膏板　b）双层石膏板

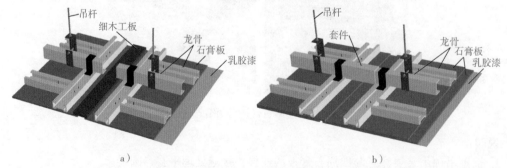

吊杆　细木工板　龙骨　石膏板　乳胶漆　　　吊杆　套件　龙骨　石膏板　乳胶漆

a）　　　　　　　　　　　　b）

图 2-2-16　石膏板吊顶伸缩缝节点三维图
a）单层石膏板　b）双层石膏板

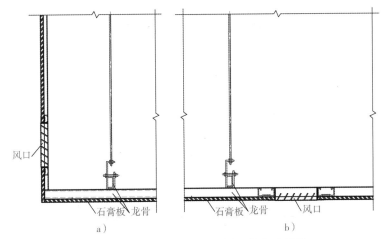

图 2-2-17　石膏板吊顶空调风口节点示意图

a）侧面风口　b）顶面风口

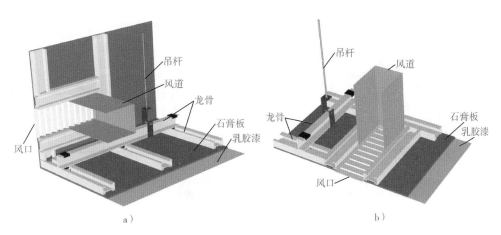

图 2-2-18　石膏板吊顶空调风口节点三维图

a）侧面风口　b）顶面风口

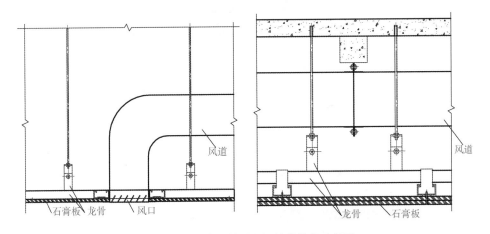

图 2-2-19　石膏板吊顶空调风道节点示意图

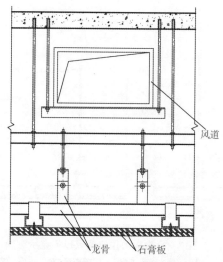

图 2-2-19　石膏板吊顶空调风道节点示意图（续）

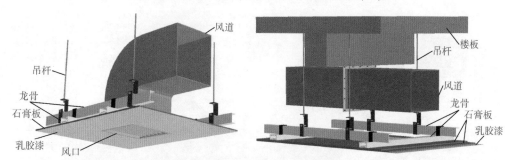

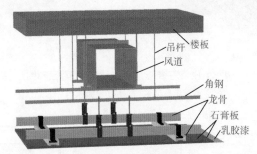

图 2-2-20　石膏板吊顶空调风道节点三维图

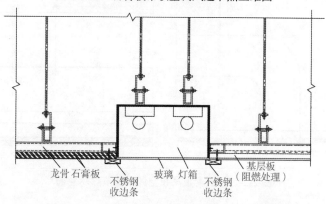

图 2-2-21　石膏板吊顶与镜子面相接节点示意图

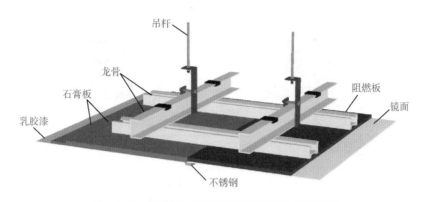

图 2-2-22　石膏板吊顶与镜子面相接节点三维图

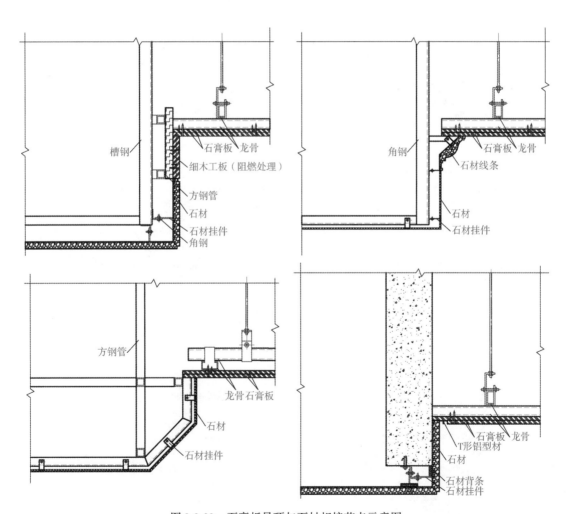

图 2-2-23　石膏板吊顶与石材相接节点示意图

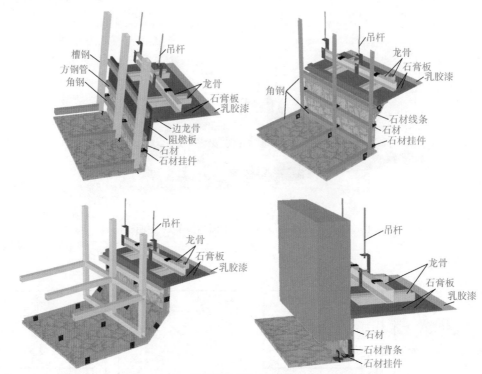

图 2-2-24　石膏板吊顶与石材相接节点三维图

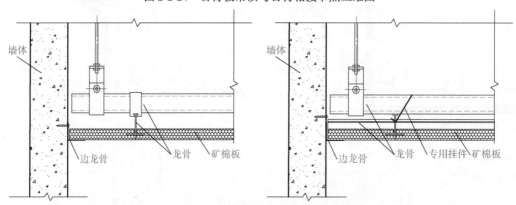

图 2-2-25　矿棉板吊顶节点示意图

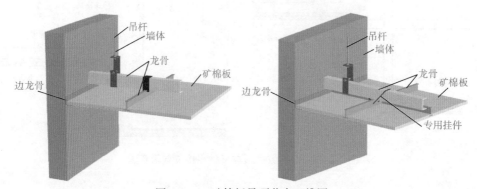

图 2-2-26　矿棉板吊顶节点三维图

图 2-2-27　矿棉板吊顶实例图

说明：

1. 矿棉板规格、厚度根据设计要求确定，一般为 $600mm \times 600mm \times 15mm$，安装时操作人员需佩戴白手套，以防污染板材。

2. 罩面板顶棚如果设计有压条，待面板安装后，经调整位置，使拉缝均匀，对缝平正，进行压条位置弹线后，安装固定方法采用自攻螺钉或采用胶粘法粘贴。

3. 矿棉板安装时注意拉线找正，安装固定时保证平正、对直，避免矿棉分块间隙不直，压缝条及压边条不严密、平直。

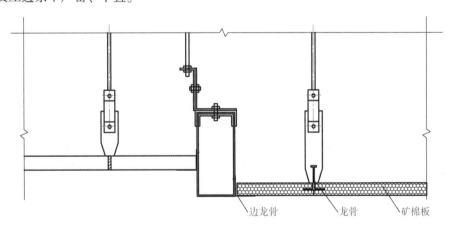

图 2-2-28　矿棉板与铝格栅吊顶相交节点示意图

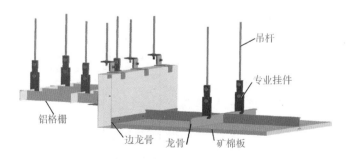

图 2-2-29　矿棉板与铝格栅吊顶相交节点三维图

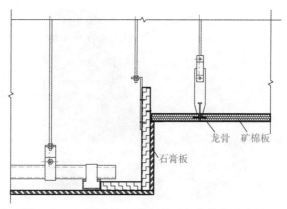

图 2-2-30 矿棉板与石膏板吊顶相交节点示意图

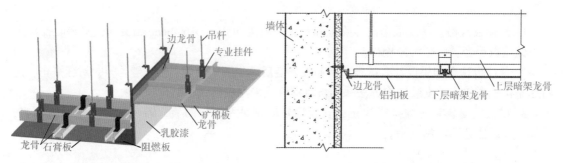

图 2-2-31 矿棉板与石膏板吊顶相交节点三维图 　　图 2-2-32 铝合金扣板吊顶节点示意图

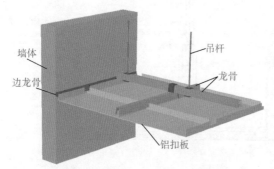

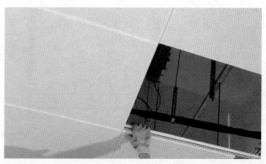

图 2-2-33 铝合金扣板吊顶节点三维图 　　　　图 2-2-34 铝合金扣板吊顶实例图

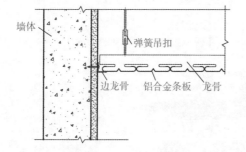

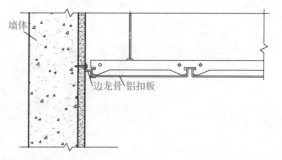

图 2-2-35 铝合金条板吊顶节点示意图

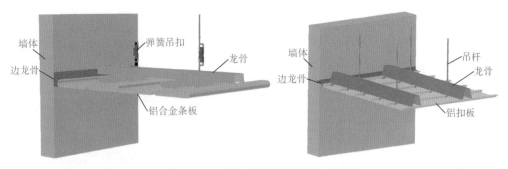

图 2-2-36　铝合金条板吊顶节点三维图

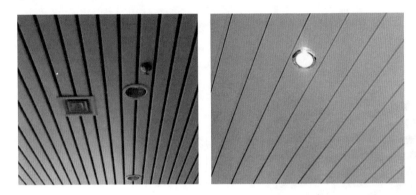

图 2-2-37　铝合金条板吊顶实例图

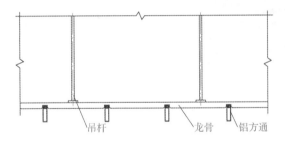

图 2-2-38　铝方通吊顶节点示意图

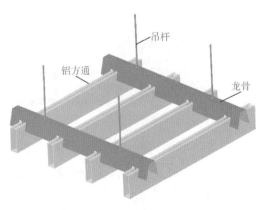

图 2-2-39　铝方通吊顶节点三维图

图 2-2-40　铝方通吊顶实例图

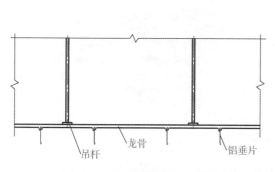

图 2-2-41　铝垂片吊顶节点示意图

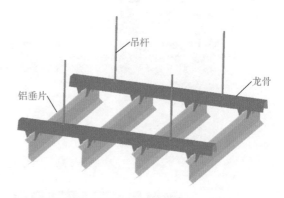

图 2-2-42　铝垂片吊顶节点三维图

图 2-2-43　铝垂片吊顶实例图

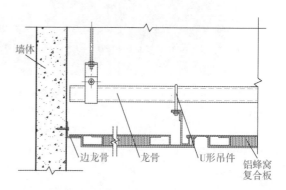

图 2-2-44　铝蜂窝复合板吊顶节点示意图

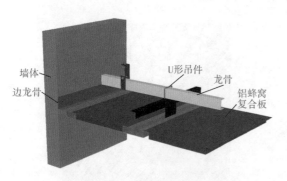

图 2-2-45　铝蜂窝复合板吊顶节点三维图

图 2-2-46　铝蜂窝复合板吊顶实例图

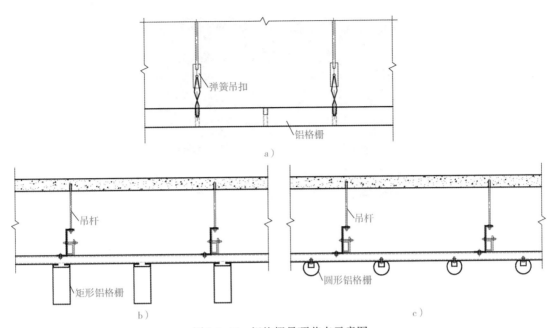

图 2-2-47　铝格栅吊顶节点示意图
a）铝格栅　b）矩形铝格栅　c）圆形铝格栅

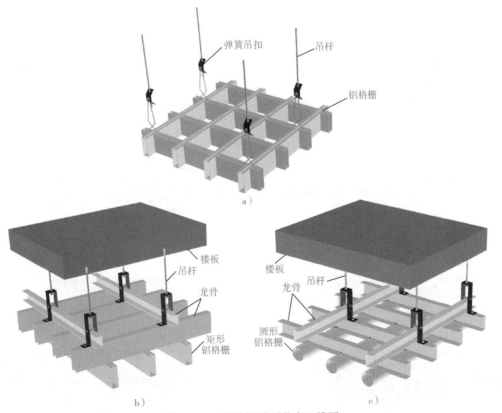

图 2-2-48　铝格栅吊顶节点三维图
a）铝格栅　b）矩形铝格栅　c）圆形铝格栅

图 2-2-49　铝格栅吊顶实例图

说明:

1. 工艺流程:

2. 顶棚内所有露明的铁件焊接处,安装罩面板前必须刷好防锈漆。

3. 合理确定灯位、风口、检查口等位置,避免与格栅碰撞,将预装好的格栅用吊钩穿在主龙骨孔内吊起,将整栅的吊顶连接后,调整至水平。

4. 安装格栅时,施工人员应戴线手套,防止污染饰面板。

5. 格栅安装应注意保护顶棚内各种管线。骨架的吊杆、龙骨不准固定在通风管道及其他设备上。

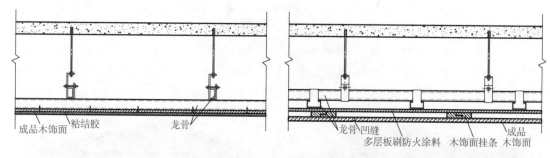

图 2-2-50　木饰面吊顶节点示意图

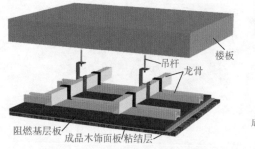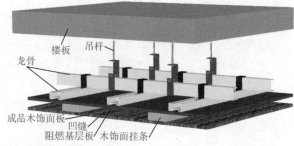

图 2-2-51　木饰面吊顶节点三维图

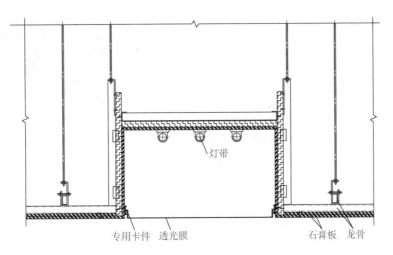

专用卡件　透光膜　　　　　　　　　　　　石膏板　龙骨

图 2-2-52　软膜吊顶节点图示意

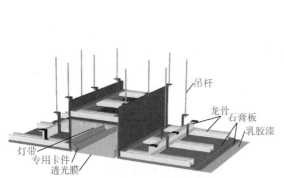

图 2-2-53　软膜吊顶节点三维图

图 2-2-54　软膜吊顶实例图

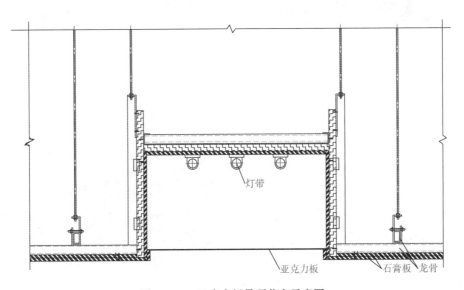

图 2-2-55　亚克力板吊顶节点示意图

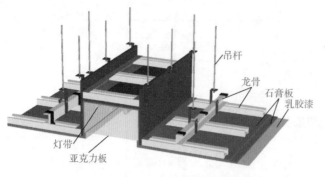

图 2-2-56　亚克力板吊顶节点三维图　　　　图 2-2-57　亚克力板吊顶实例图

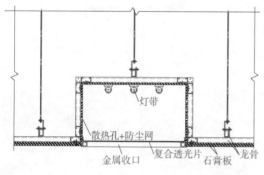

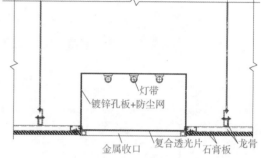

图 2-2-58　透光片灯箱节点示意图

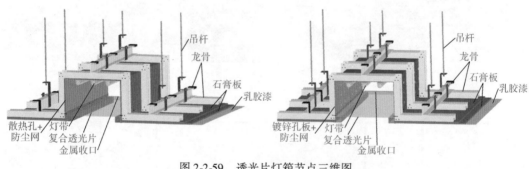

图 2-2-59　透光片灯箱节点三维图

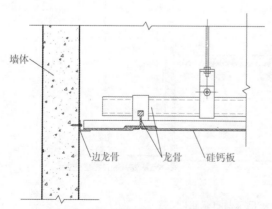

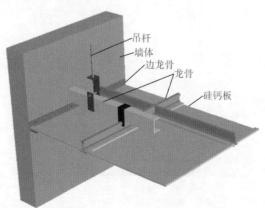

图 2-2-60　硅钙板吊顶节点示意图　　　　图 2-2-61　硅钙板吊顶节点三维图

图 2-2-62　硅钙板吊顶实例图

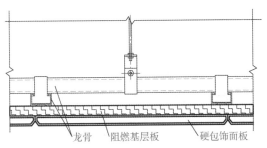

图 2-2-63　硬包吊顶节点示意图

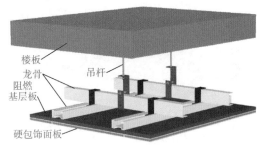

图 2-2-64　硬包吊顶节点三维图

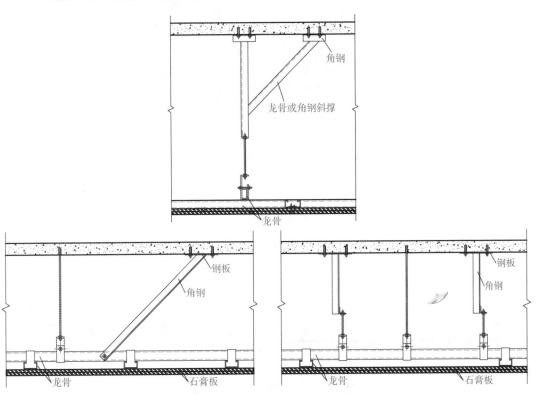

图 2-2-65　吊顶反支撑节点示意图

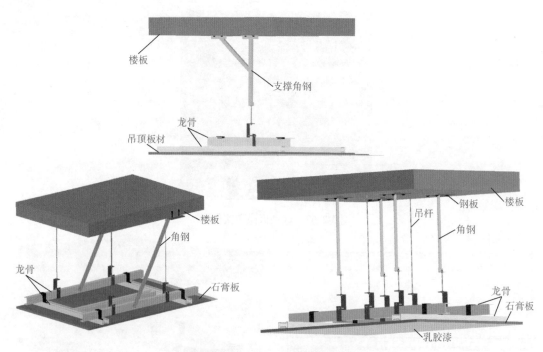

图 2-2-66　吊顶反支撑节点三维图

图 2-2-67　吊顶反支撑实例图

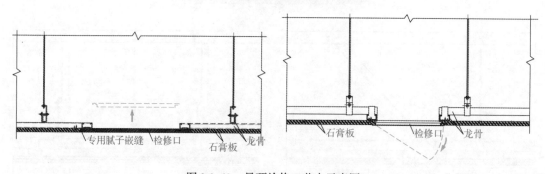

图 2-2-68　吊顶检修口节点示意图

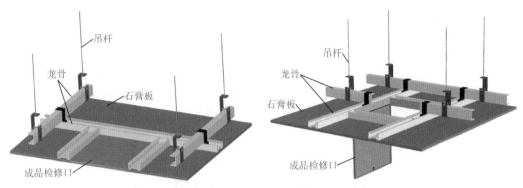

图 2-2-69　吊顶检修口节点三维图

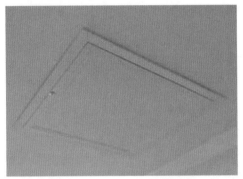

图 2-2-70　吊顶检修口实例图

说明:

1. 检修口处应做好加固处理,检修时应小心,不可损坏检修口或其他部位吊顶。

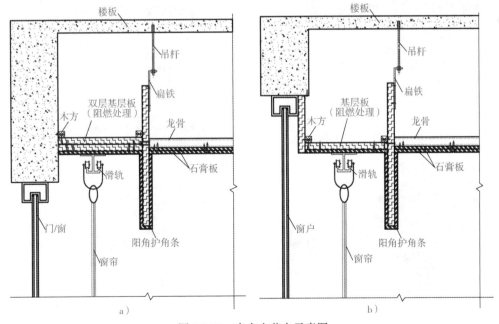

图 2-2-71　窗帘盒节点示意图

a) 明装 1　b) 明装 2(低于窗户)

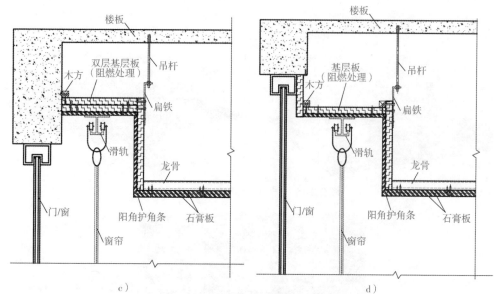

图 2-2-71　窗帘盒节点示意图（续）

c) 暗装 1　　d) 暗装 2（低于窗户）

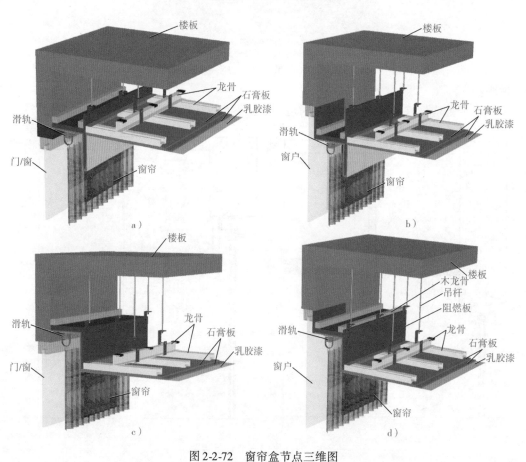

图 2-2-72　窗帘盒节点三维图

a) 明装 1　b) 明装 2（低于窗户）　c) 暗装 1　d) 暗装 2（低于窗户）

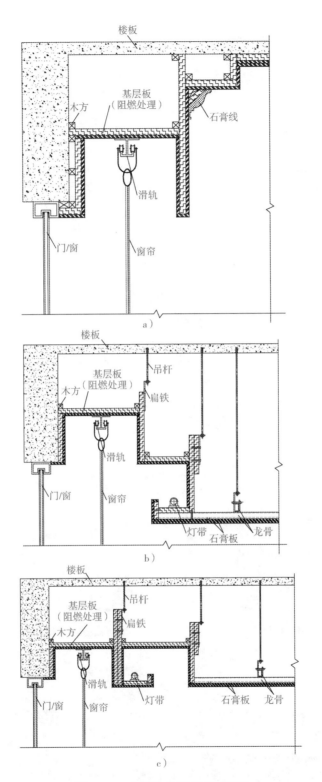

图 2-2-73　窗帘盒造型节点示意图
a）窗帘盒　b）暗藏灯带 1　c）暗藏灯带 2

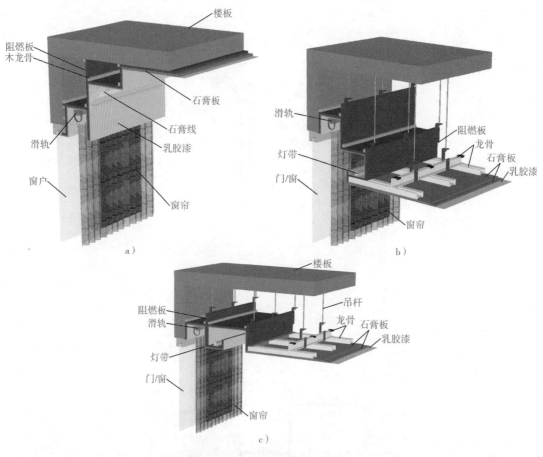

图 2-2-74　窗帘盒造型节点三维图

a) 窗帘盒　b) 暗藏灯带 1　c) 暗藏灯带 2

图 2-2-75　窗帘盒实例图

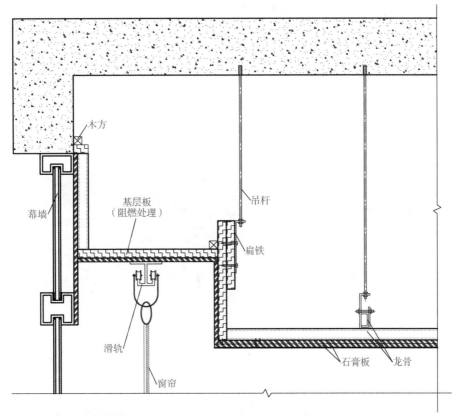

图 2-2-76　窗帘盒与玻璃幕墙收口节点示意图

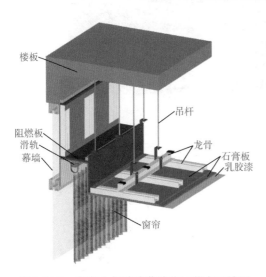

图 2-2-77　窗帘盒与玻璃幕墙收口节点三维图

图 2-2-78　窗帘盒与玻璃幕墙收口实例图

说明：

1. 安装窗帘盒的房间，在结构施工时，应按图纸预埋防腐木砖或镀锌铁件，预制混凝土构件应设置预埋件，如无设计预埋件，可用镀锌膨胀螺栓安装。

2. 有吊顶采用暗装窗帘盒时，吊顶施工应与窗帘盒安装同时进行。

3. 窗帘盒的造型、规格、尺寸、安装位置和固定方法应符合设计要求，安装牢固。

4. 窗帘盒表面应平整、洁净，线条顺直，接缝严密，色泽一致，不得有裂缝、翘曲及损坏。

5. 窗帘盒安装后及时刷一道底油漆，以防抹灰、喷浆等湿作业时受潮变形或污染。

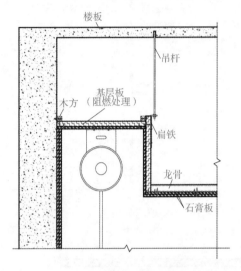

图 2-2-79　投影幕布节点示意图

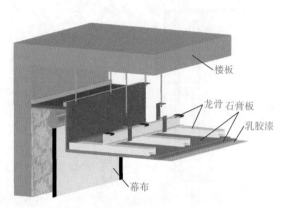

图 2-2-80　投影幕布节点三维图

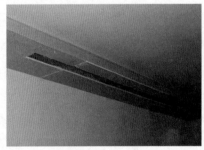

图 2-2-81　投影幕布实例图

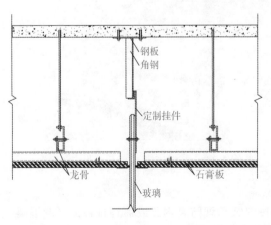
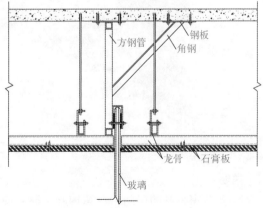

图 2-2-82　挡烟垂壁节点示意图

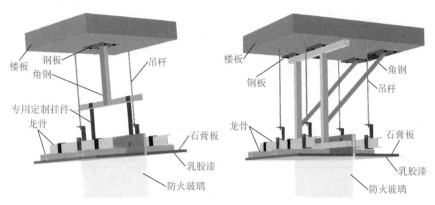

图 2-2-83　挡烟垂壁节点三维图

图 2-2-84　挡烟垂壁实例图

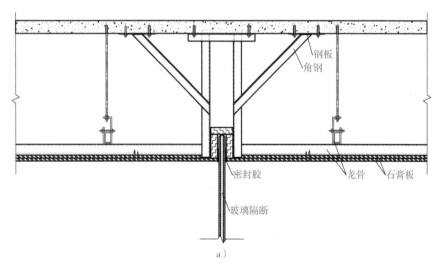

a）

图 2-2-85　玻璃隔断与吊顶相接节点示意图

a）石膏板吊顶

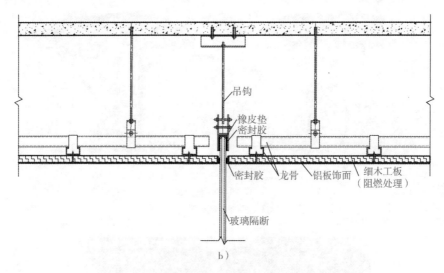

图 2-2-85　玻璃隔断与吊顶相接节点示意图
b)铝板吊顶

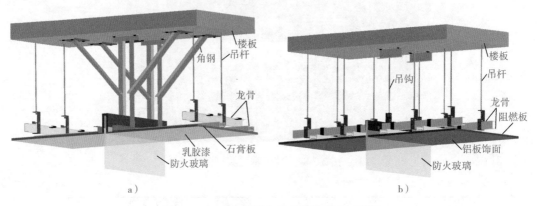

图 2-2-86　玻璃隔断与吊顶相接节点三维图
a)石膏板吊顶　b)铝板吊顶

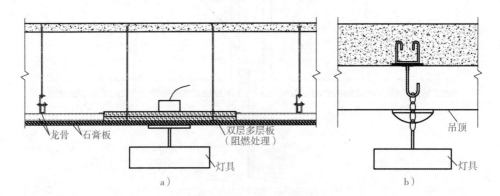

图 2-2-87　吊灯安装节点示意图
a)轻型吊灯　b)大型吊灯

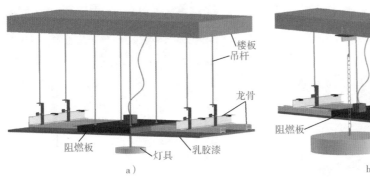
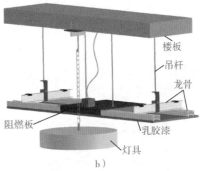

a)　　　　　　　　　　　　b)

图 2-2-88　吊灯安装节点三维图

a) 轻型吊灯　b) 大型吊灯

说明:

1. 大于 3kg 以上的重型灯具、电扇等重型设备禁止安装在吊顶工程的龙骨上。

2. 安装时应注意保护顶棚内各种管线。轻钢骨架的吊杆、龙骨不得固定在通风管道及其他设备上。

3. 已装吊顶骨架不得上人踩踏。其他工种吊挂件,不得吊于吊顶骨架上。

图 2-2-89　吊灯安装实例图

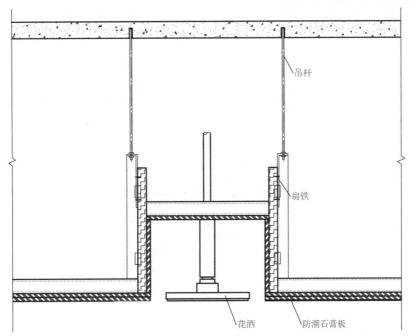

图 2-2-90　花洒安装节点示意图

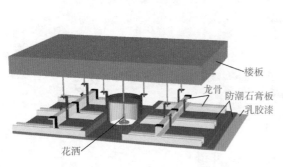

图 2-2-91　花洒安装节点三维图

图 2-2-92　花洒安装实例图

◀ 第三节　地面装饰装修工程构造节点 ▶

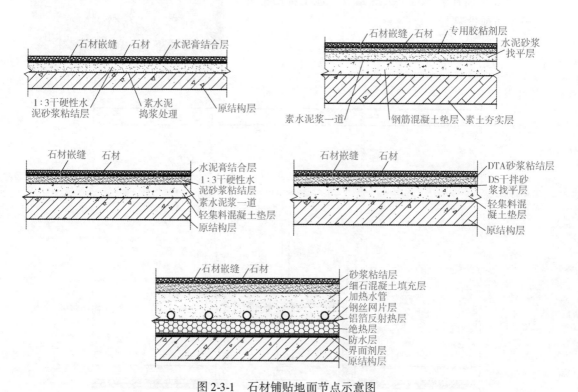

图 2-3-1　石材铺贴地面节点示意图

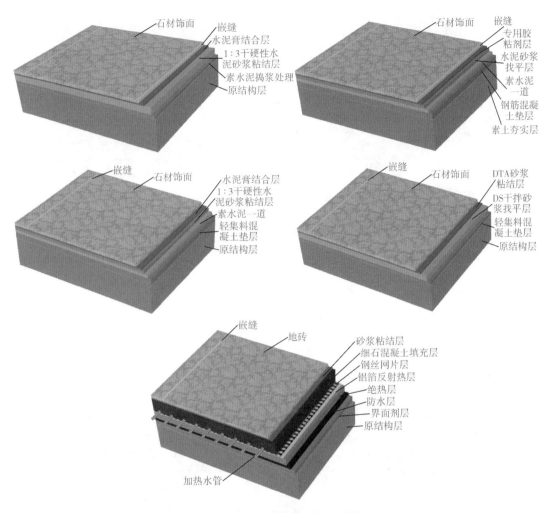

图 2-3-2　石材铺贴地面节点三维图

图 2-3-3　石材铺贴地面实例图

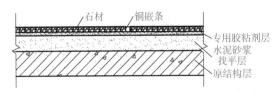

图 2-3-4　石材与铜嵌条相接节点示意图

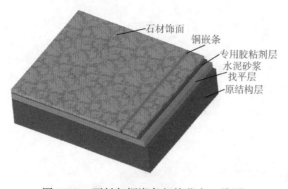

石材饰面
铜嵌条
专用胶粘剂层
水泥砂浆
找平层
原结构层

图 2-3-5　石材与铜嵌条相接节点三维图

图 2-3-6　石材与铜嵌条相接实例图

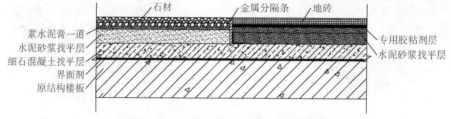

石材　　金属分隔条　地砖
素水泥膏一道
水泥砂浆找平层
细石混凝土找平层
界面剂
原结构楼板
专用胶粘剂层
水泥砂浆找平层

图 2-3-7　石材与地砖相接节点示意图

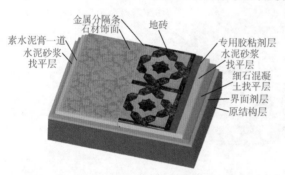

金属分隔条　地砖
石材饰面
素水泥膏一道
水泥砂浆
找平层
专用胶粘剂层
水泥砂浆
找平层
细石混凝
土找平层
界面剂层
原结构层

图 2-3-8　石材与地砖相接节点三维图

图 2-3-9　石材与地砖相接节点实例图

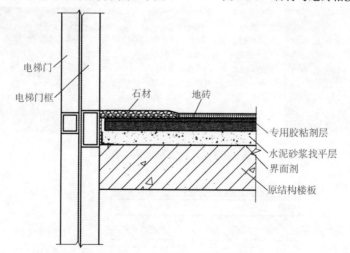

电梯门
电梯门框
石材　　地砖
专用胶粘剂层
水泥砂浆找平层
界面剂
原结构楼板

图 2-3-10　电梯口石材与地砖相接节点示意图

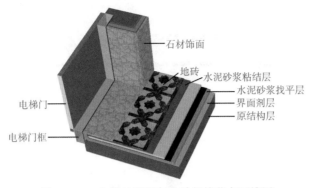

图 2-3-11　电梯口石材与地砖相接节点三维图

（石材饰面、地砖、水泥砂浆粘结层、水泥砂浆找平层、界面剂层、原结构层、电梯门、电梯门框）

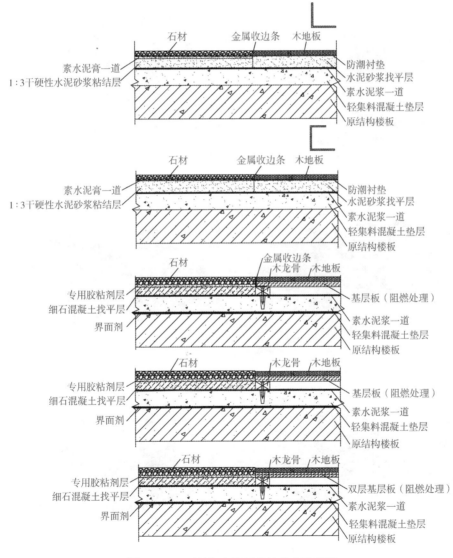

（石材、金属收边条、木地板、素水泥膏一道、1:3干硬性水泥砂浆粘结层、防潮衬垫、水泥砂浆找平层、素水泥浆一道、轻集料混凝土垫层、原结构楼板、专用胶粘剂层、细石混凝土找平层、界面剂、木龙骨、基层板（阻燃处理）、双层基层板（阻燃处理））

图 2-3-12　石材与木地板相接节点示意图

69

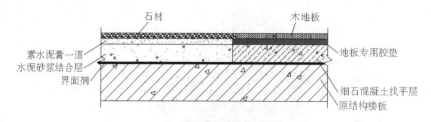

图 2-3-12　石材与木地板相接节点示意图（续）

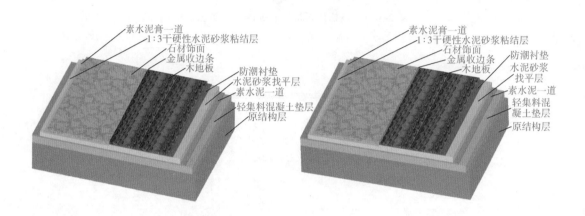

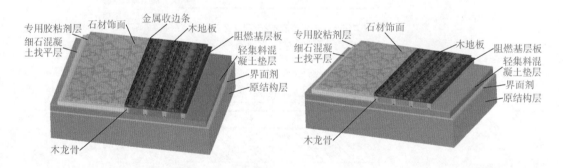

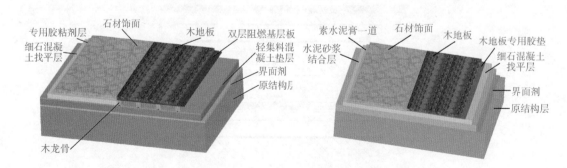

图 2-3-13　石材与木地板相接节点三维图

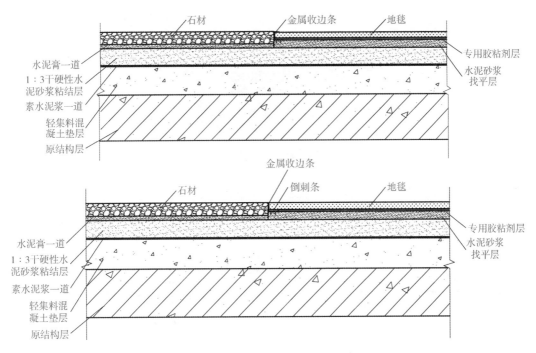

图 2-3-14　石材与地毯相接节点示意图

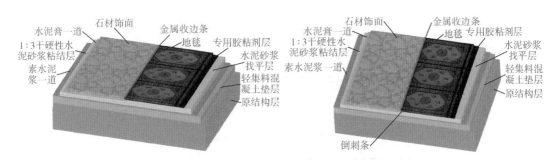

图 2-3-15　石材与地毯相接节点三维图

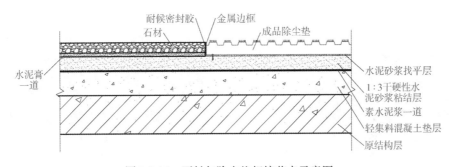

图 2-3-16　石材与除尘垫相接节点示意图

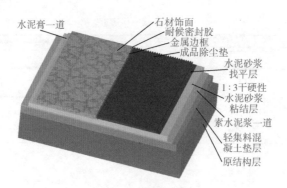

图 2-3-17　石材与除尘垫相接节点三维图

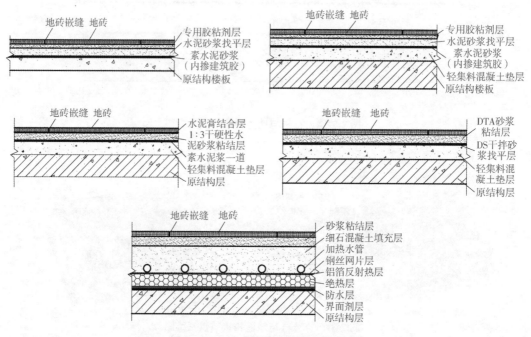

图 2-3-18　地砖铺贴地面节点示意图

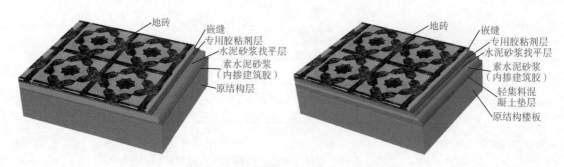

图 2-3-19　地砖铺贴地面节点三维图

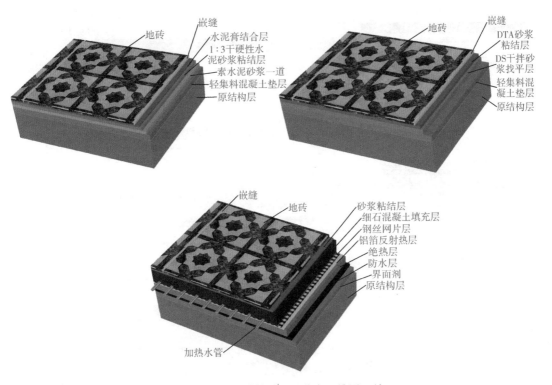

图 2-3-19　地砖铺贴地面节点三维图（续）

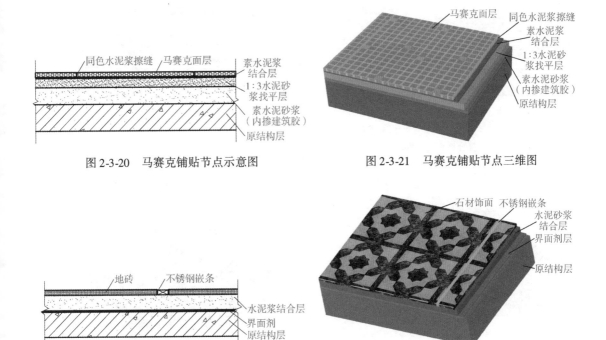

图 2-3-20　马赛克铺贴节点示意图　　　　　图 2-3-21　马赛克铺贴节点三维图

图 2-3-22　地砖与不锈钢嵌条相接节点示意图　　　图 2-3-23　地砖与不锈钢嵌条相接节点三维图

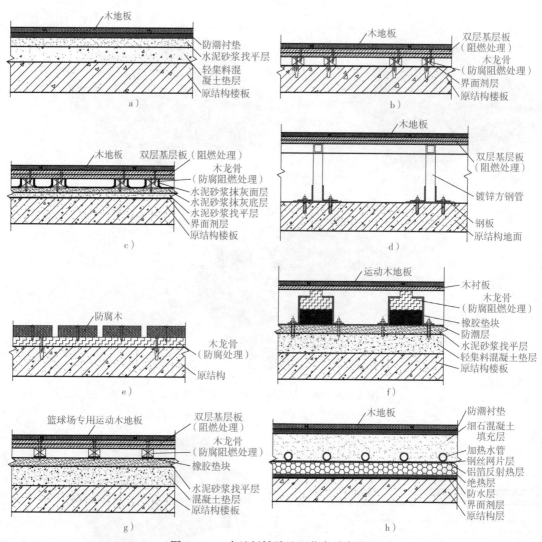

图 2-3-24　木地板铺贴地面节点示意图

a) 复合地板或实木复合地板（无龙骨、混凝土基层）　b) 实木地板（木龙骨）1

c) 实木地板（木龙骨）2　d) 实木地板（方钢管龙骨）　e) 防腐木　f) 运动木地板

g) 篮球场运动专用木地板　h) 地暖地面木地板

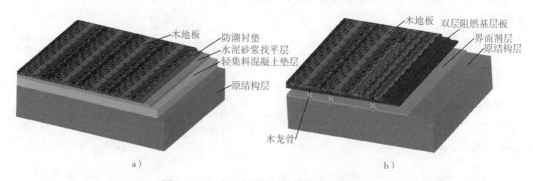

图 2-3-25　木地板铺贴地面节点三维图

a) 复合地板或实木复合地板（无龙骨、混凝土基层）　b) 实木地板（木龙骨）I

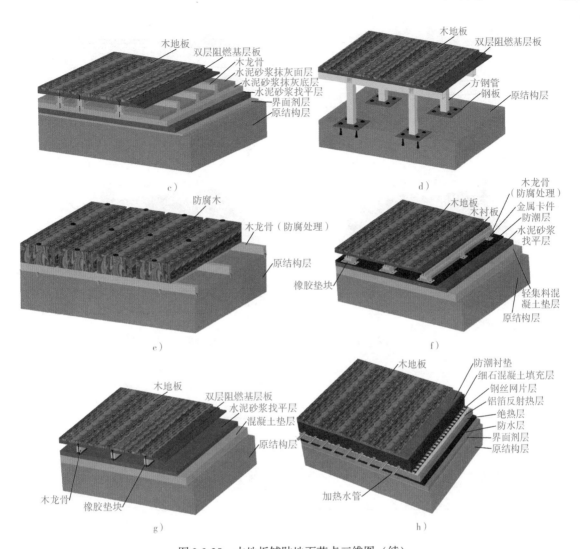

图 2-3-25　木地板铺贴地面节点三维图（续）

c）实木地板（木龙骨）2　d）实木地板（方钢管龙骨）　e）防腐木

f）运动木地板　g）篮球场运动专用木地板　h）地暖地面木地板

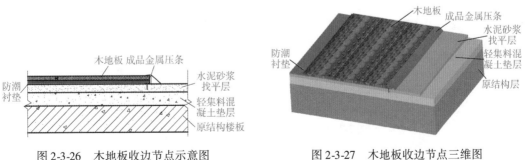

图 2-3-26　木地板收边节点示意图　　　　图 2-3-27　木地板收边节点三维图

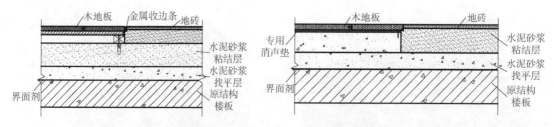

图 2-3-28　木地板与地砖相接节点示意图

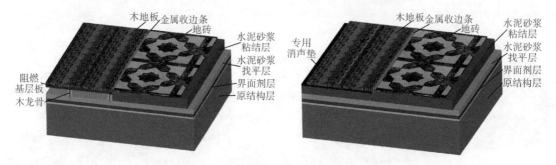

图 2-3-29　木地板与地砖相接节点三维图

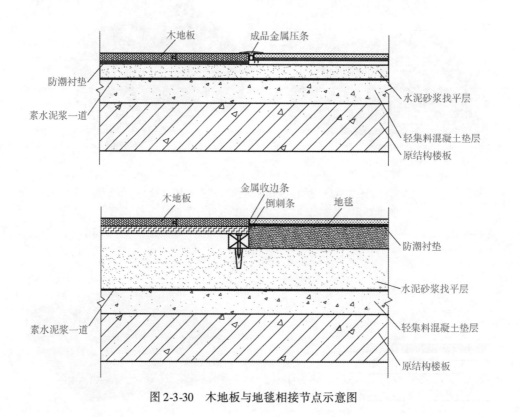

图 2-3-30　木地板与地毯相接节点示意图

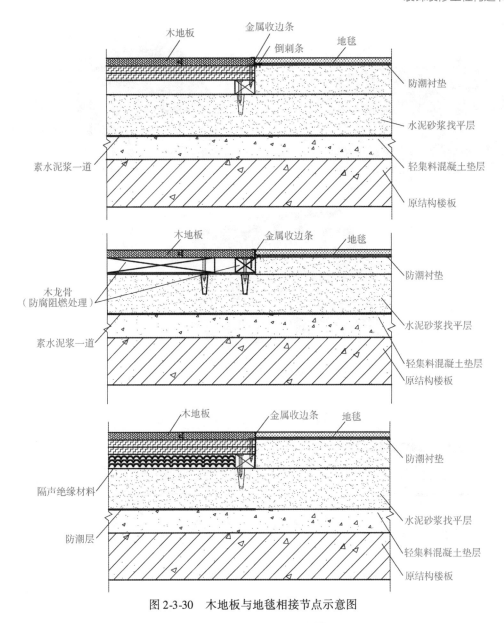

木地板　金属收边条　　地毯
倒刺条
防潮衬垫
水泥砂浆找平层
素水泥浆一道　　轻集料混凝土垫层
原结构楼板

木地板　　　金属收边条　地毯
防潮衬垫
木龙骨
（防腐阻燃处理）
水泥砂浆找平层
素水泥浆一道　轻集料混凝土垫层
原结构楼板

木地板　　金属收边条　地毯
防潮衬垫
隔声绝缘材料
防潮层
水泥砂浆找平层
轻集料混凝土垫层
原结构楼板

图 2-3-30　木地板与地毯相接节点示意图

木地板
金属压条
地毯
防潮衬垫　　　　　水泥砂浆找平层
素水泥一道
轻集料混
凝土垫层
原结构层

木地板
金属收边条
地毯　防潮衬垫
水泥砂浆找平层
素水泥浆一道
轻集料混
凝土垫层
原结构层
倒刺条

图 2-3-31　木地板与地毯相接节点三维图

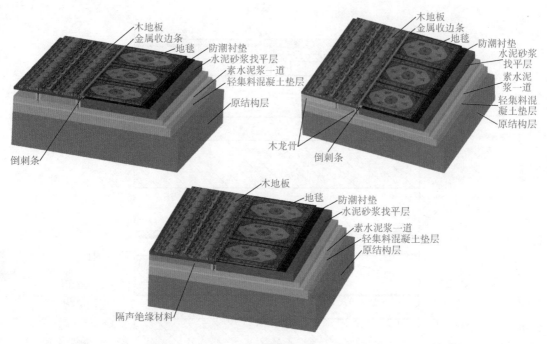

图 2-3-31　木地板与地毯相接节点三维图（续）

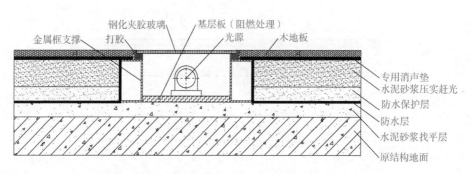

图 2-3-32　木地板与玻璃发光地面相接节点示意图

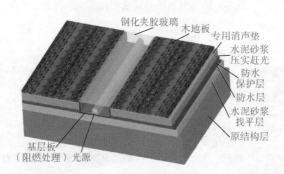

图 2-3-33　木地板与玻璃发光地面相接节点三维图

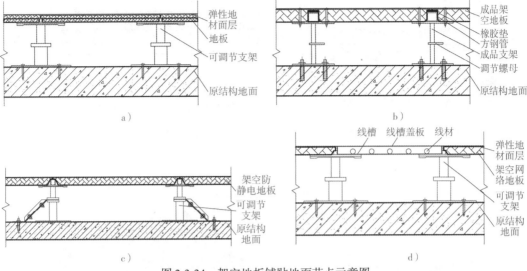

图 2-3-34 架空地板铺贴地面节点示意图

a）弹性地材面层 b）成品架空地板 c）架空防静电地板 d）架空网络地板

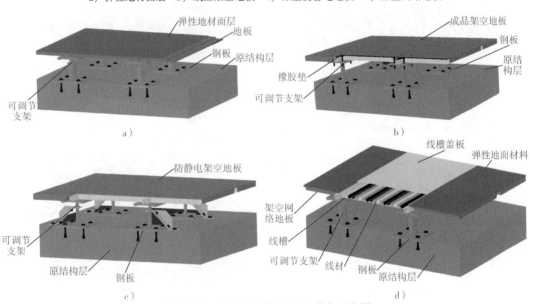

图 2-3-35 架空地板铺贴地面节点三维图

a）弹性地材面层 b）成品架空地板 c）架空防静电地板 d）架空网络地板

图 2-3-36 架空地板铺贴地面实例图

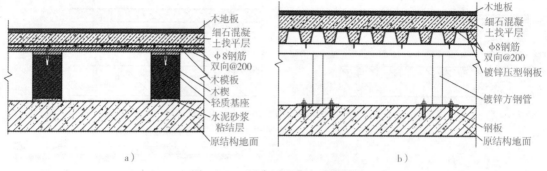

图 2-3-37　地台地面节点示意图

a）砌筑地台　b）钢架地台

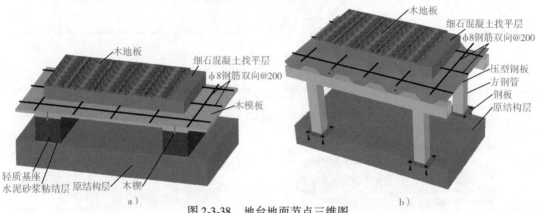

图 2-3-38　地台地面节点三维图

a）砌筑地台　b）钢架地台

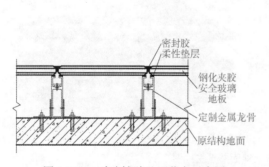

图 2-3-39　玻璃铺贴地面节点示意图

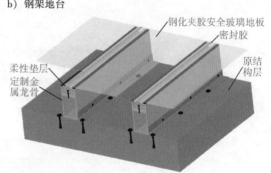

图 2-3-40　玻璃铺贴地面节点三维图

图 2-3-41　玻璃铺贴地面实例图

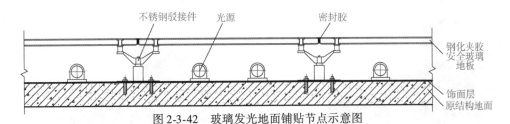

图 2-3-42　玻璃发光地面铺贴节点示意图

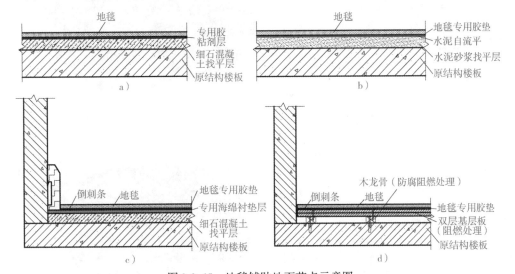

图 2-3-43　玻璃发光地面铺贴节点三维图

图 2-3-44　玻璃发光地面铺贴实例图

图 2-3-45　地毯铺贴地面节点示意图

a）块毯 1　b）块毯 2　c）满铺地毯 1　d）满铺地毯 2

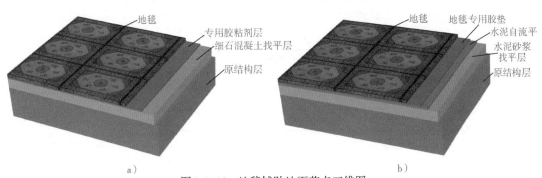

图 2-3-46　地毯铺贴地面节点三维图

a）块毯 1　b）块毯 2

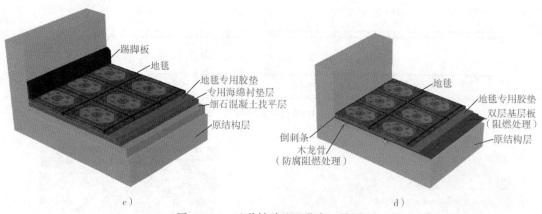

图 2-3-46　地毯铺贴地面节点三维图

c) 满铺地毯 1　　d) 满铺地毯 2

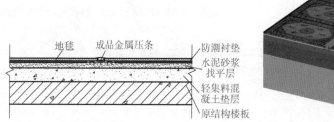

图 2-3-47　地毯与地毯相接节点示意图

图 2-3-48　地毯与地毯相接节点三维图

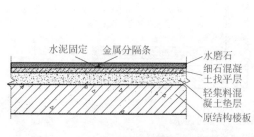

图 2-3-49　水磨石铺贴地面节点示意图

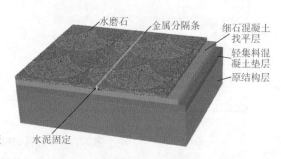

图 2-3-50　水磨石铺贴地面节点三维图

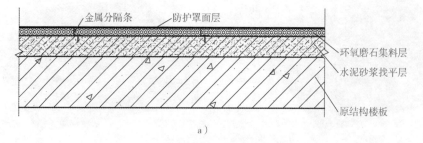

a)

图 2-3-51　环氧水磨石铺贴地面节点示意图

a) 常规环氧磨石地面

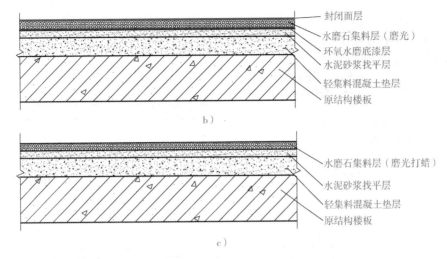

图 2-3-51　环氧水磨石铺贴地面节点示意图（续）

b）现制环氧水磨石地面　c）现制水磨石地面

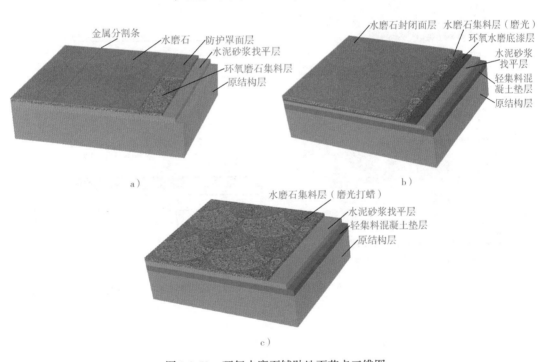

图 2-3-52　环氧水磨石铺贴地面节点三维图

a）常规环氧磨石地面　b）现制环氧水磨石地面　c）现制水磨石地面

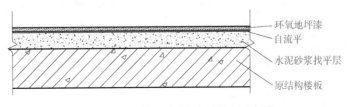

图 2-3-53　环氧地坪漆地面节点示意图

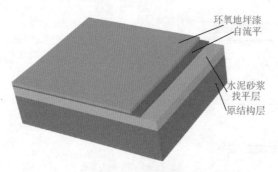

图 2-3-54　环氧地坪漆地面节点三维图

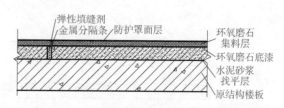

图 2-3-55　环氧磨石地面伸缩缝节点示意图

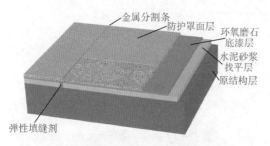

图 2-3-56　环氧磨石地面伸缩缝节点三维图

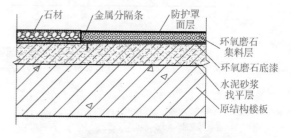

图 2-3-57　环氧磨石与石材地面收口节点示意图

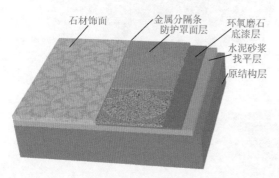

图 2-3-58　环氧磨石与石材地面收口节点三维图

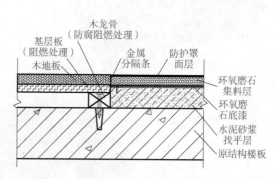

图 2-3-59　环氧磨石与木地板地面收口节点示意图

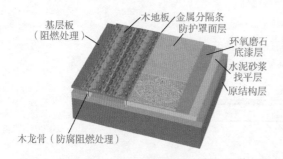

图 2-3-60　环氧磨石与木地板地面收口节点三维图

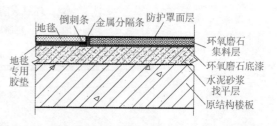

图 2-3-61　环氧磨石与地毯地面收口节点示意图

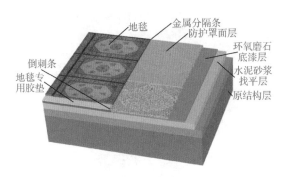

图 2-3-62　环氧磨石与地毯地面收口节点三维图

图 2-3-63　水磨石地面铺贴实例图

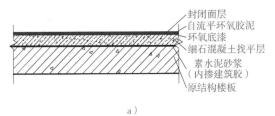

a）

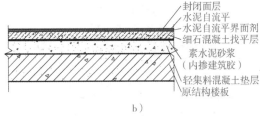

b）

图 2-3-64　自流平地面节点示意图

a）环氧自流平地面　b）水泥自流平地面

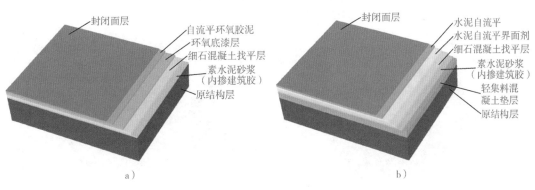

a）　　　　　　　　　　　b）

图 2-3-65　自流平地面节点三维图

a）环氧自流平地面　b）水泥自流平地面

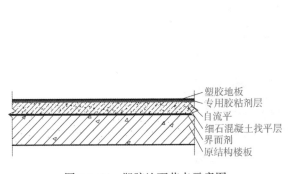

图 2-3-66　塑胶地面节点示意图

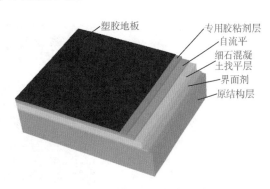

图 2-3-67　塑胶地面节点三维图

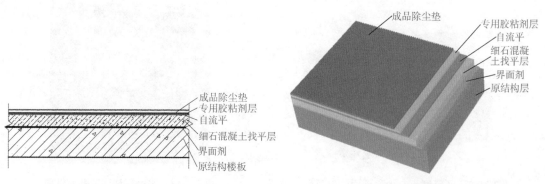

图 2-3-68　除尘垫地面节点示意图　　　　图 2-3-69　除尘垫地面节点三维图

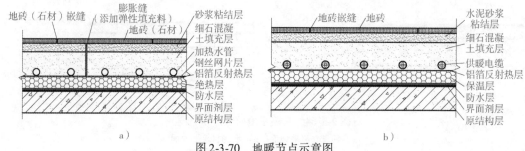

图 2-3-70　地暖节点示意图

a）水暖　B）电暖

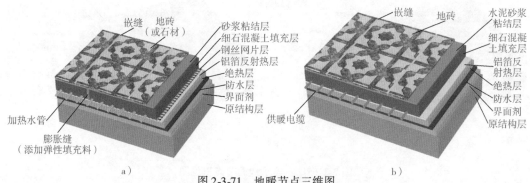

图 2-3-71　地暖节点三维图

a）水暖　B）电暖

图 2-3-72　地暖敷设实例图

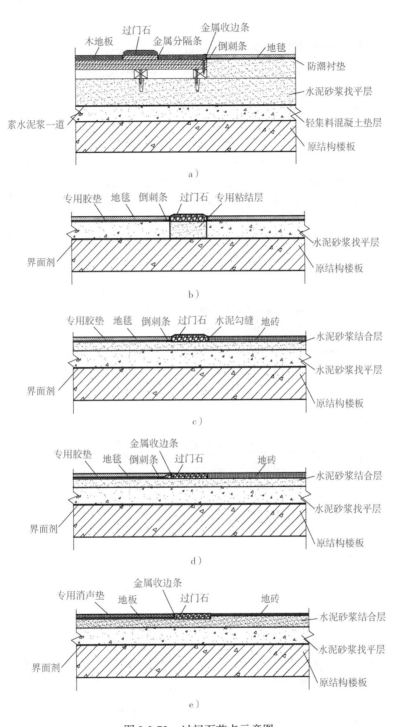

图 2-3-73　过门石节点示意图

a）木制过门石 + 地毯　b）地毯 + 过门石 + 地毯

c）地毯 + 过门石 + 地砖（一）　d）地毯 + 过门石 + 地砖（二）

e）地板 + 过门石 + 地砖

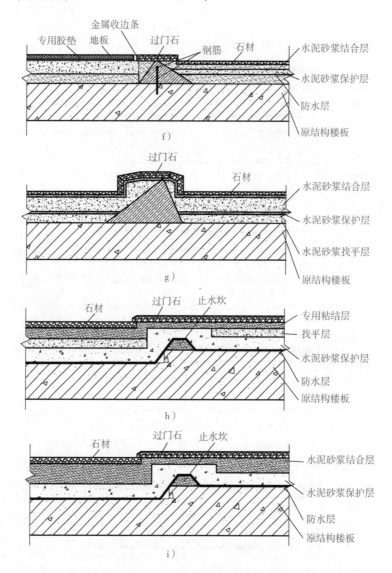

图 2-3-73　过门石节点示意图（续）

f）地板 + 过门石 + 石材　g）石材 + 过门石 + 石材　h）卫生间过门石（一）　i）卫生间过门石（二）

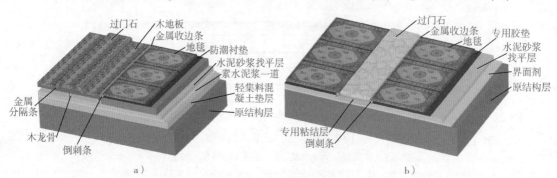

图 2-3-74　过门石节点三维图

a）木制过门石 + 地毯　b）地毯 + 过门石 + 地毯

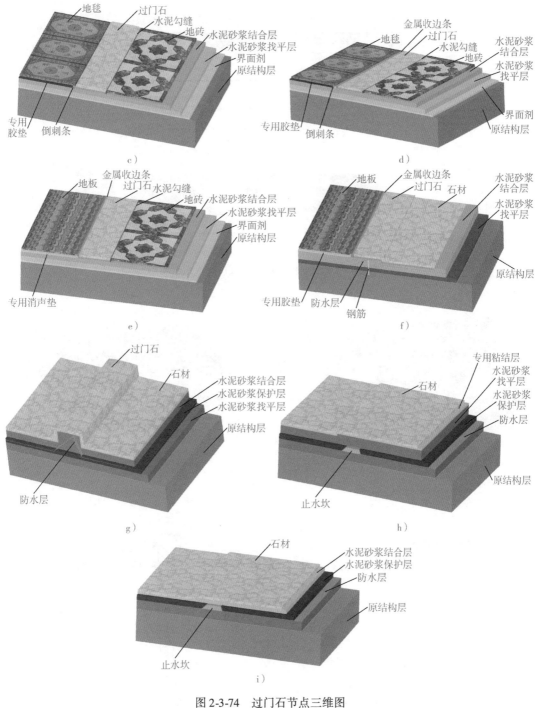

图 2-3-74　过门石节点三维图

c) 地毯 + 过门石 + 地砖（一）　d) 地毯 + 过门石 + 地砖（二）

e) 地板 + 过门石 + 地砖　f) 地板 + 过门石 + 石材

g) 石材 + 过门石 + 石材　h) 卫生间过门石（一）

i) 卫生间过门石（二）

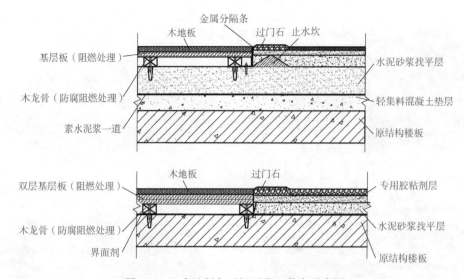

图 2-3-75　木地板与过门石收口节点示意图

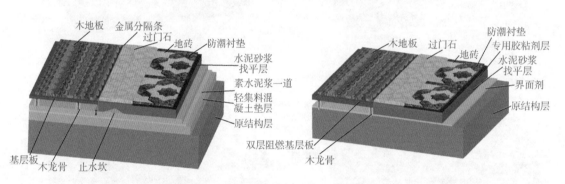

图 2-3-76　木地板与过门石收口节点三维图

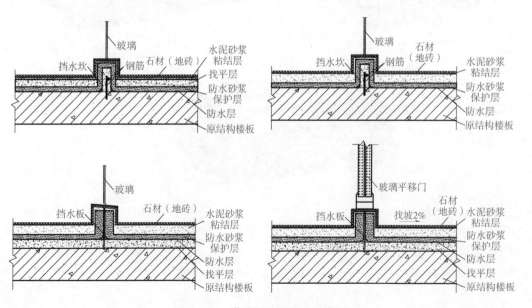

图 2-3-77　淋浴间地面节点示意图

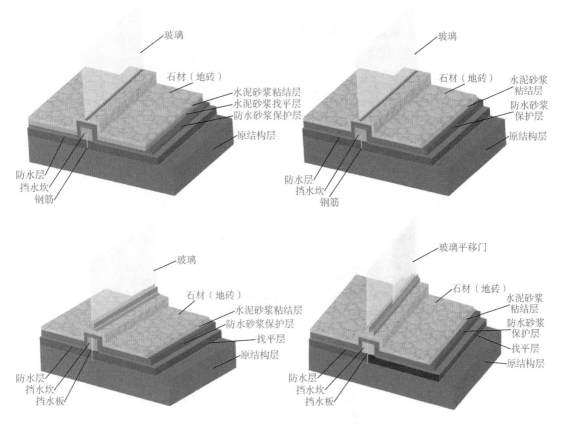

图 2-3-78　淋浴间地面节点三维图

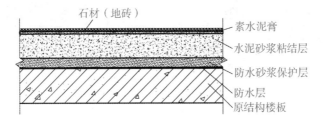

图 2-3-79　淋浴间地面铺贴节点示意图

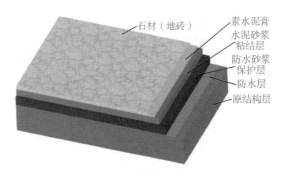

图 2-3-80　淋浴间地面铺贴节点三维图

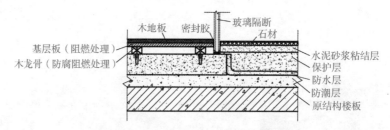

木地板　密封胶　玻璃隔断　石材

基层板（阻燃处理）
木龙骨（防腐阻燃处理）

水泥砂浆粘结层
保护层
防水层
防潮层
原结构楼板

图 2-3-81　地面与玻璃隔断节点示意图

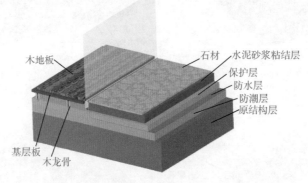

木地板　　　　石材　水泥砂浆粘结层
保护层
防水层
防潮层
原结构层

基层板　木龙骨

图 2-3-82　地面与玻璃隔断节点三维图

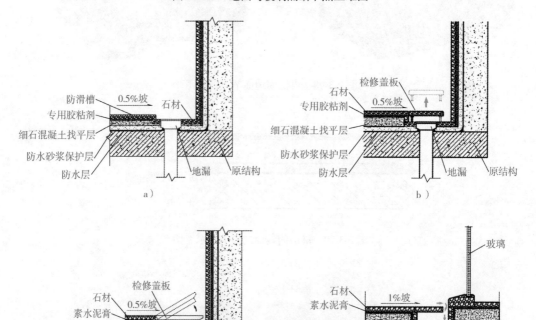

防滑槽　0.5%坡　石材
专用胶粘剂
细石混凝土找平层
防水砂浆保护层
防水层
地漏　原结构

a）

检修盖板
石材　0.5%坡
专用胶粘剂
细石混凝土找平层
防水砂浆保护层
防水层
地漏　原结构

b）

检修盖板
石材　0.5%坡
素水泥膏
水泥砂浆粘结层
水泥砂浆保护层
防水层
细石混凝土垫层
地漏　原结构

c）

玻璃
石材　1%坡
素水泥膏
水泥砂浆粘结层
水泥砂浆保护层
防水层
细石混凝土垫层
地漏　原结构

d）

图 2-3-83　地漏节点示意图
a）明装　b）暗装1　c）暗装2　d）暗装3

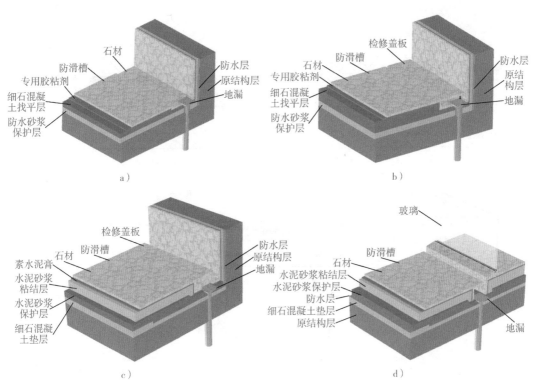

图 2-3-84　地漏节点三维图

a）明装　b）暗装 1　c）暗装 2　d）暗装 3

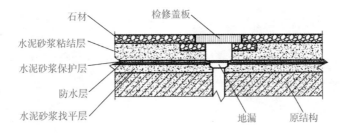

图 2-3-85　地砖一体式复合地漏节点示意图

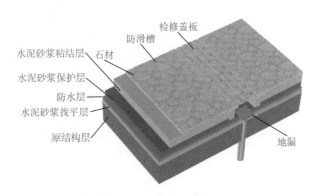

图 2-3-86　地砖一体式复合地漏节点三维图

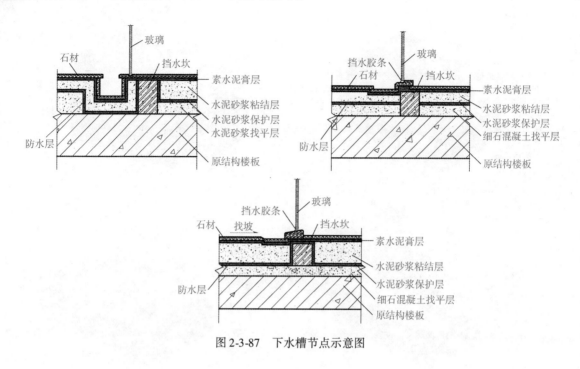

图 2-3-87　下水槽节点示意图

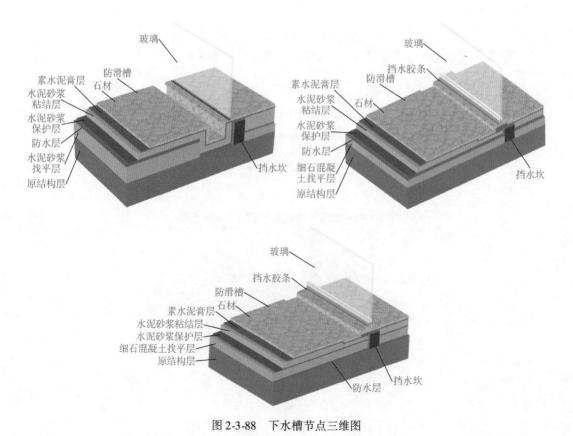

图 2-3-88　下水槽节点三维图

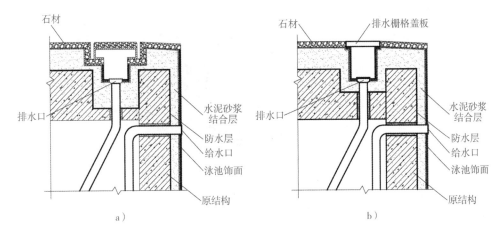

图 2-3-89 排水沟节点示意图

a) 泳池隐藏式排水沟　b) 泳池明装式排水沟

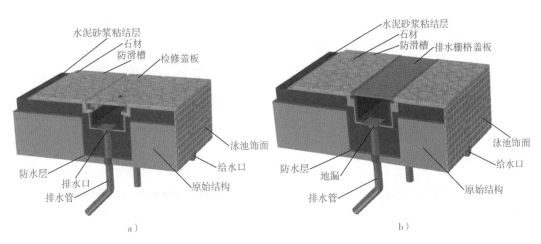

图 2-3-90 排水沟节点三维图

a) 泳池隐藏式排水沟　b) 泳池明装式排水沟

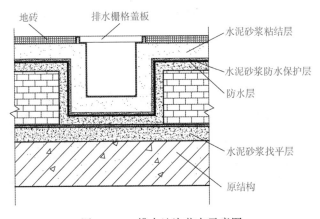

图 2-3-91 排水地沟节点示意图

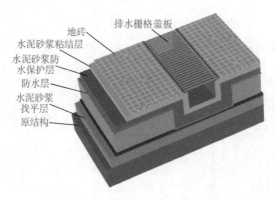

图 2-3-92 排水地沟节点三维图

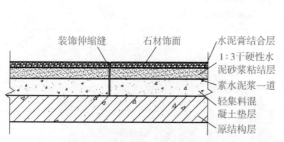

图 2-3-93 地面装饰伸缩缝节点示意图

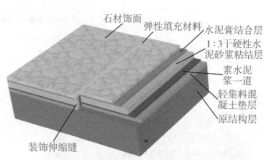

图 2-3-94 地面装饰伸缩缝节点三维图

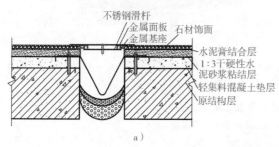

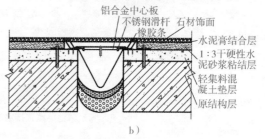

图 2-3-95 地面结构伸缩缝节点示意图

a) 金属板面层 b) 石材面层

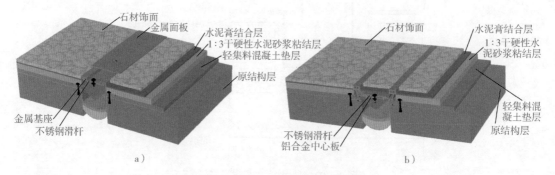

图 2-3-96 地面结构伸缩缝节点三维图

a) 金属板面层 b) 石材面层

◀ 第四节　室内门窗装饰装修构造节点 ▶

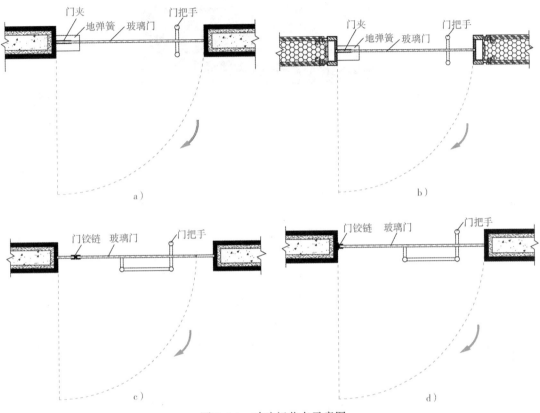

图 2-4-1　玻璃门节点示意图

a) 地弹簧玻璃门 1—混凝土墙面　b) 地弹簧玻璃门 2—保温墙

c) 铰链式玻璃门 1—铰链固定玻璃　d) 铰链式玻璃门 2—铰链固定墙面

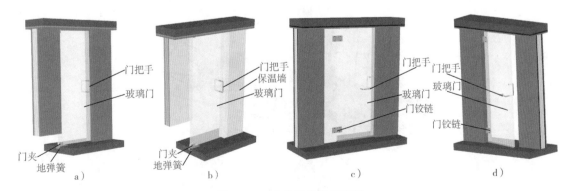

图 2-4-2　玻璃门节点三维图

a) 地弹簧玻璃门 1—混凝土墙面　b) 地弹簧玻璃门 2—保温墙

c) 铰链式玻璃门 1—铰链固定玻璃　d) 铰链式玻璃门 2—铰链固定墙面

图 2-4-3　玻璃门地弹簧实例图

说明:

平移门的安装方式根据门扇的高度来确定,当门扇高度小于 4m 时,一般采用上挂式,即在门扇的上部装置滑轮,滑轮吊在门过梁的预埋钢轨上;当门扇高于 4m 时,一般采用下滑式,即在门扇下部安装滑轮,滑轮在地面预埋的钢轨上滑行。

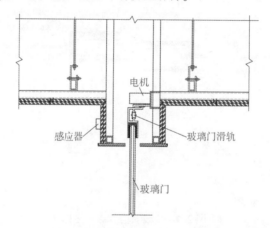

图 2-4-4　电动玻璃门节点示意图

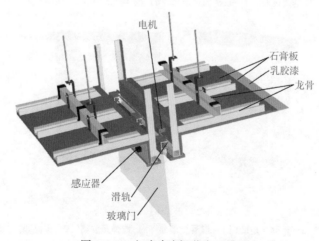

图 2-4-5　电动玻璃门节点三维图

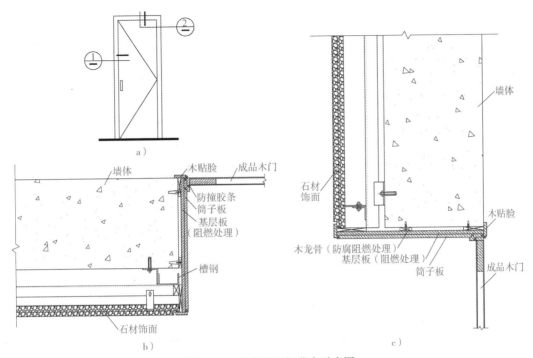

图 2-4-6　单扇平开门节点示意图
a）单扇平开门立面　b）节点 1　c）节点 2

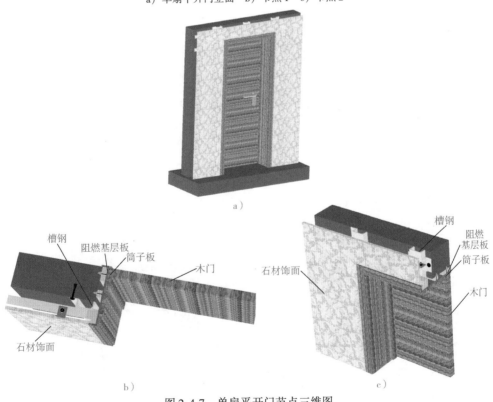

图 2-4-7　单扇平开门节点三维图
a）单扇平开门立面　b）节点 1　c）节点 2

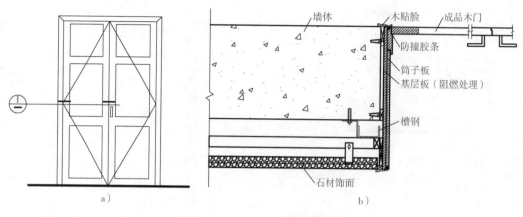

图 2-4-8　双扇平开门节点示意图

a) 双扇平开门立面　b) 节点1

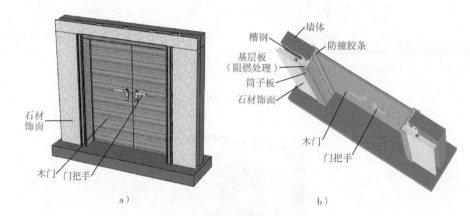

图 2-4-9　双扇平开门节点三维图

a) 双扇平开门立面　b) 节点1

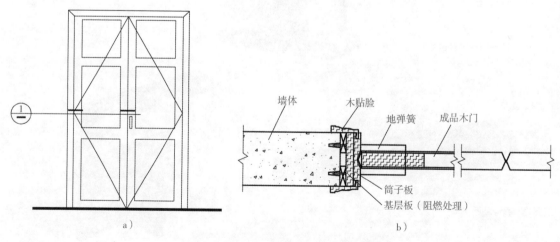

图 2-4-10　双扇双向平开门节点示意图

a) 双扇双向平开门立面　b) 节点1

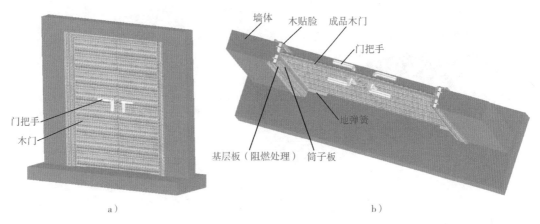

图 2-4-11 双扇双向平开门节点三维图

a）双扇双向平开门立面 b）节点1

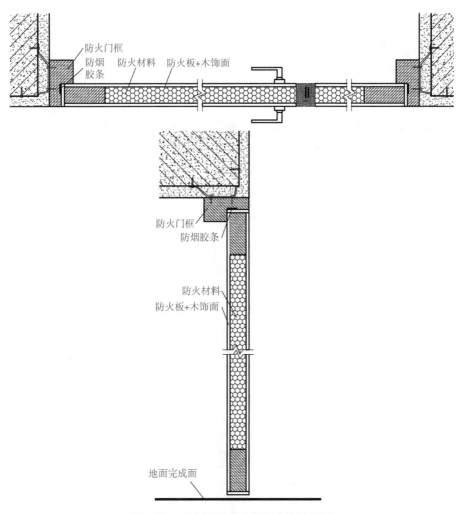

图 2-4-12 木质子母防火门节点示意图

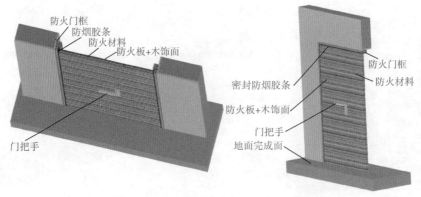

图 2-4-13　木质子母防火门节点三维图

说明：

1. 木质防火门的品种、类型、规格、尺寸、开启方向、安装位置及防腐处理，应符合设计要求，表面应洁净，无划痕、碰伤。

2. 用难燃木材或难燃木材制品做门框、门扇骨架、门扇面板；门扇内若填充材料，则应填充对人体无毒、无害的防火隔热材料，并配以防火五金配件，组成具有一定耐火性能的门。

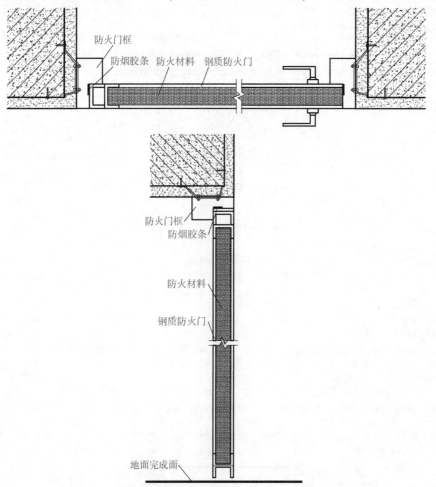

图 2-4-14　钢质单开防火门节点示意图

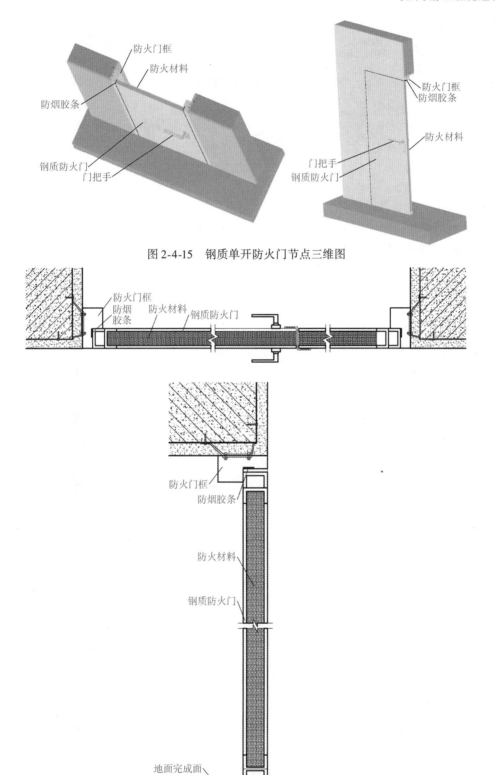

图 2-4-15　钢质单开防火门节点三维图

图 2-4-16　钢质子母防火门节点示意图

说明：

1. 防火门框、门扇面板应采用性能不低于冷轧薄板的钢质材料，冷轧薄板应符合现行《冷轧钢板和钢带的尺寸、外形、重量及允许偏差》（GB/T 708—2019）的规定。

2. 外观应平整、

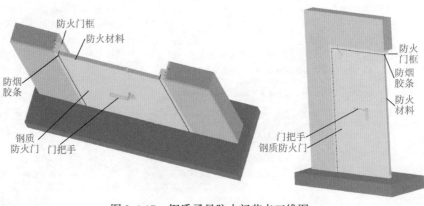

图 2-4-17　钢质子母防火门节点三维图

光洁，无明显凹痕或机械损伤；涂层、镀层应均匀、平整、光滑，不应有堆漆、麻点、气泡、漏涂以及流淌等现象；焊接应牢固、焊点分布均匀，不允许有假焊、烧穿、漏焊、夹渣或疏松等现象，外表面焊接应打磨平整。

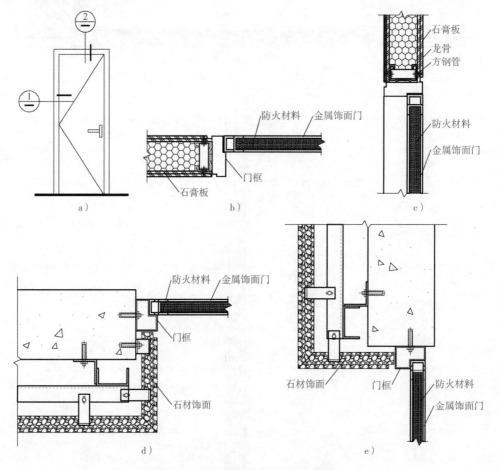

图 2-4-18　金属饰面门节点示意图

a) 金属饰面门立面　b) 节点1（骨架隔墙）　c) 节点2（骨架隔墙）

d) 节点1（混凝土隔墙）　e) 节点2（混凝土隔墙）

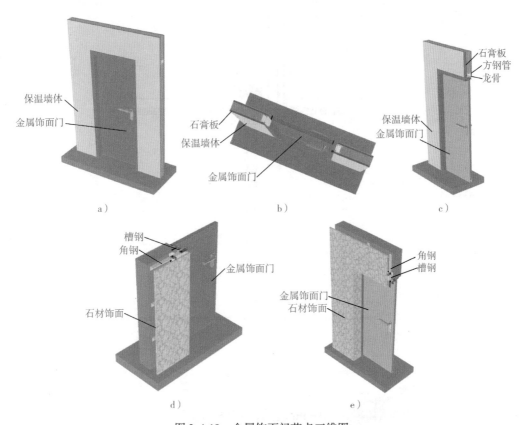

图 2-4-19　金属饰面门节点三维图

a) 金属饰面门立面　b) 节点 1（骨架隔墙）　c) 节点 2（骨架隔墙）
d) 节点 1（混凝土隔墙）　e) 节点 2（混凝土隔墙）

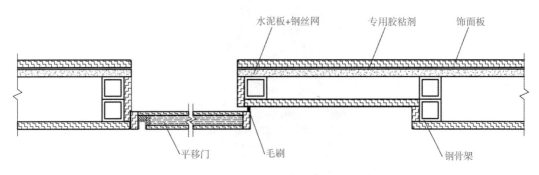

图 2-4-20　明装平移门节点示意图 1（暗轨）

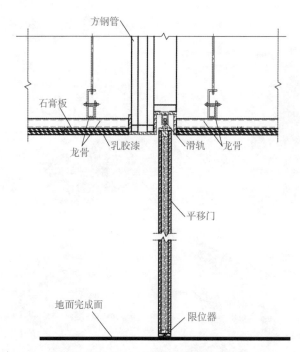

图 2-4-20　明装平移门节点示意图 1（暗轨）（续）

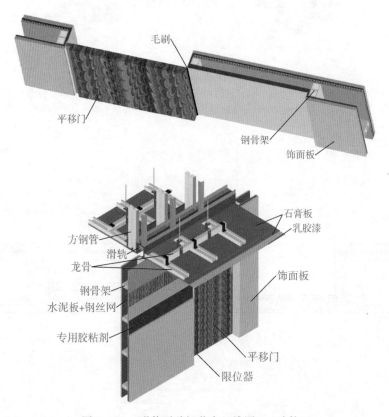

图 2-4-21　明装平移门节点三维图 1（暗轨）

图 2-4-22　明装平移门实例图 1（暗轨）

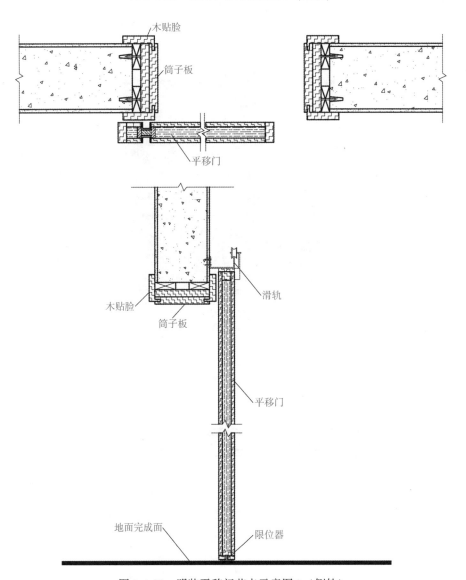

木贴脸

筒子板

平移门

木贴脸

筒子板

滑轨

平移门

地面完成面

限位器

图 2-4-23　明装平移门节点示意图 2（侧轨）

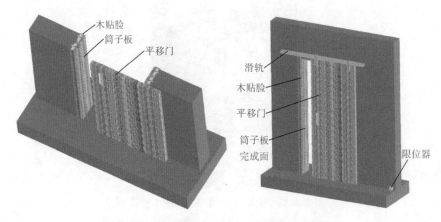

图 2-4-24　明装平移门节点三维图 2（侧轨）

图 2-4-25　明装平移门实例图 2（侧轨）

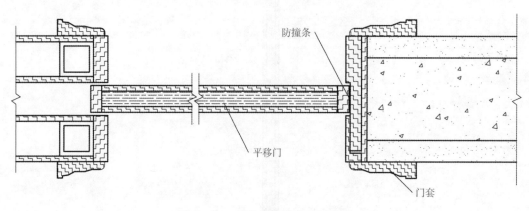

图 2-4-26　暗装平移门节点示意图

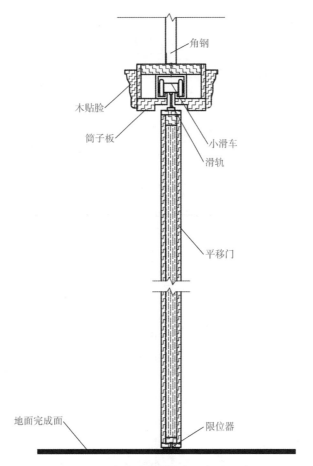

角钢

木贴脸

筒子板

小滑车

滑轨

平移门

地面完成面

限位器

图 2-4-26　暗装平移门节点示意图（续）

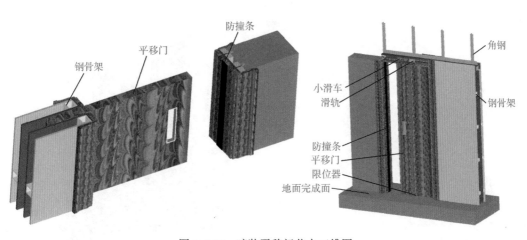

防撞条

平移门

钢骨架

角钢

小滑车

滑轨

钢骨架

防撞条

平移门

限位器

地面完成面

图 2-4-27　暗装平移门节点三维图

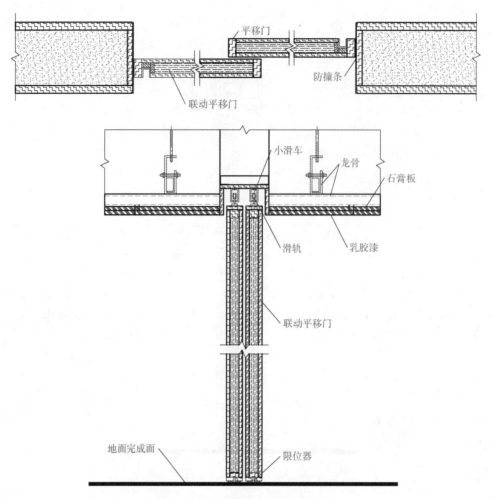

图 2-4-28　联动平移门节点示意图

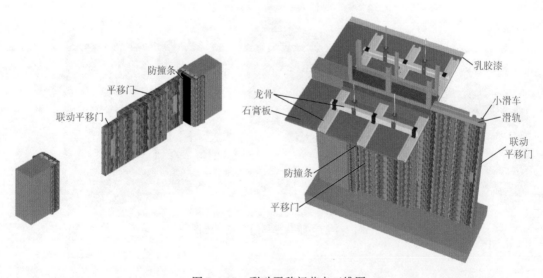

图 2-4-29　联动平移门节点三维图

说明：

平移门的安装方式根据门扇的高度来确定，当门扇高度小于4m时，一般采用上挂式，即在门扇的上部装置滑轮，滑轮吊在门过梁的预埋钢轨上；当门扇高于4m时，一般采用下滑式，即在门扇下部安装滑轮，滑轮在地面预埋的钢轨上滑行。

图 2-4-30 联动平移门实例图

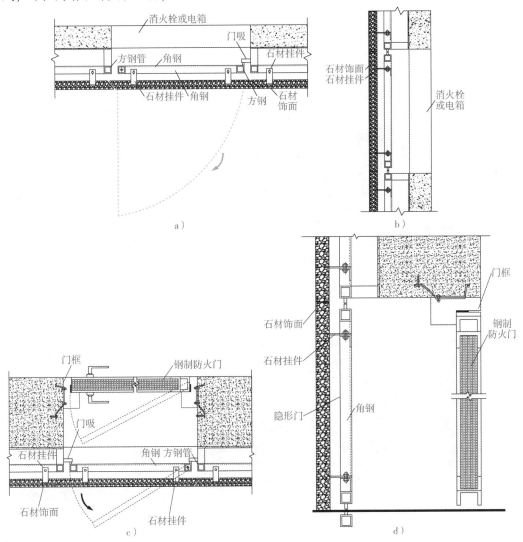

图 2-4-31 暗门节点示意图

a）节点1平面 b）节点1立面 c）节点2平面 d）节点2立面

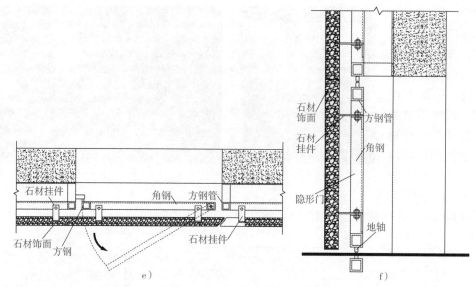

图 2-4-31 暗门节点示意图

e) 节点 3 平面   f) 节点 3 立面

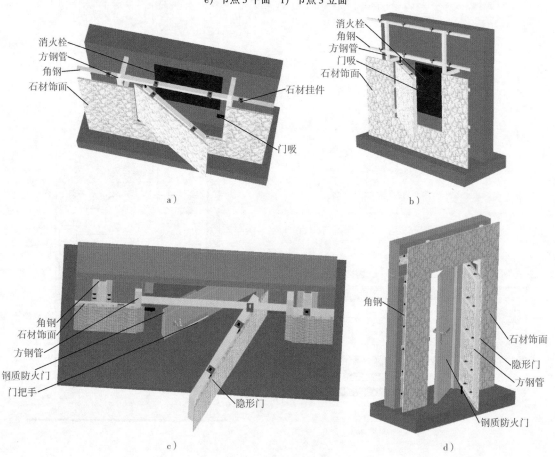

图 2-4-32 暗门节点三维图

a) 节点 1 平面   b) 节点 1 立面   c) 节点 2 平面   d) 节点 2 立面

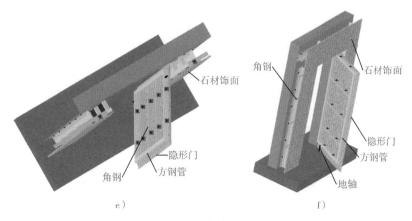

e) f)

图 2-4-32 暗门节点三维图

e) 节点 3 平面 f) 节点 3 立面

图 2-4-33 暗门实例图

说明：

1. 一般工艺流程：

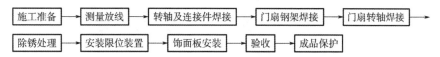

施工准备 → 测量放线 → 转轴及连接件焊接 → 门扇钢架焊接 → 门扇转轴焊接 →

除锈处理 → 安装限位装置 → 饰面板安装 → 验收 → 成品保护

2. 消火栓箱暗门开启角度不得小于 160°，开启拉力不得大于 50N。

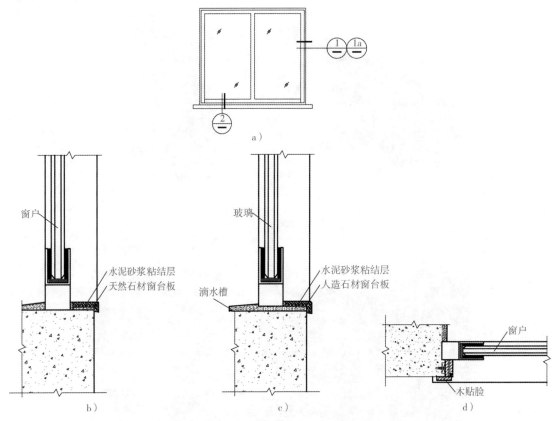

图 2-4-34　窗套及窗台节点示意图

a）窗台立面　b）节点1（天然石材窗台板）

c）节点1（人造石材窗台板）　d）节点2（天然石材窗台板）

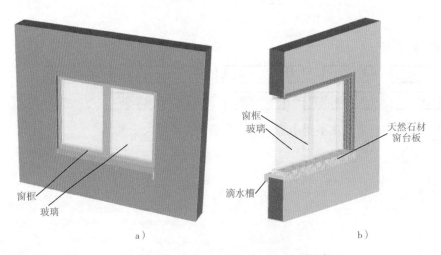

图 2-4-35　窗套及窗台节点三维图

a）窗台立面　b）节点1（天然石材窗台板）

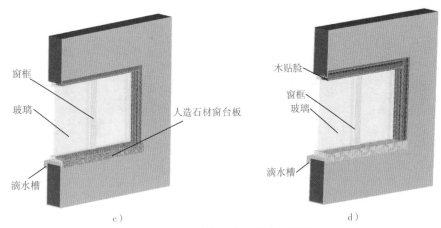

图 2-4-35　窗套及窗台节点三维图

c）节点 1（人造石材窗台板）　　d）节点 2（天然石材窗台板）

说明：

1. 窗台板采用天然石材、人造石材、水磨石及木饰面板等材料。

2. 窗台板安装前必须做好找平、垫实、捻严每道工序，跨空窗台板支架应安装平整，使支架受力均匀，再安装固定，窗台板与窗框间的缝隙应用同色系硅酮耐候胶打注密实。

◀ 第五节　楼梯装饰装修构造节点 ▶

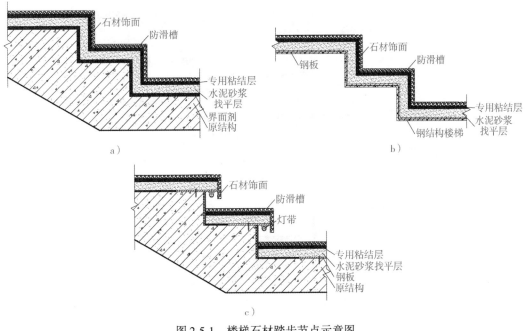

图 2-5-1　楼梯石材踏步节点示意图

a）混凝土楼梯　b）钢结构楼梯　c）含灯带

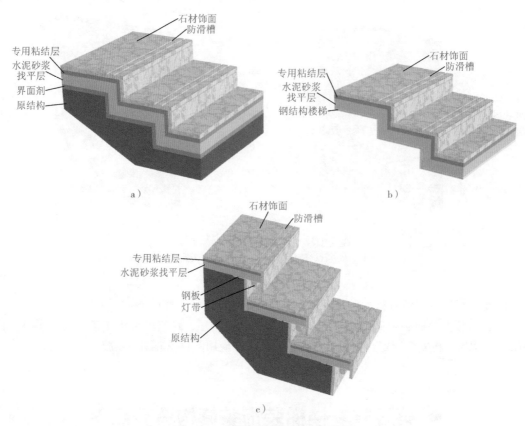

图 2-5-2　楼梯石材踏步节点三维图

a）混凝土楼梯　b）钢结构楼梯　c）含灯带

图 2-5-3　楼梯石材踏步实例图

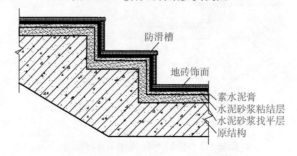

图 2-5-4　地砖踏步节点示意图

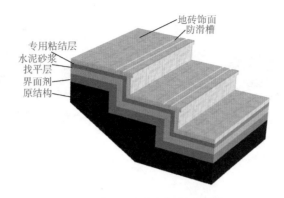

图 2-5-5　地砖踏步节点三维图

图 2-5-6　地砖踏步实例图

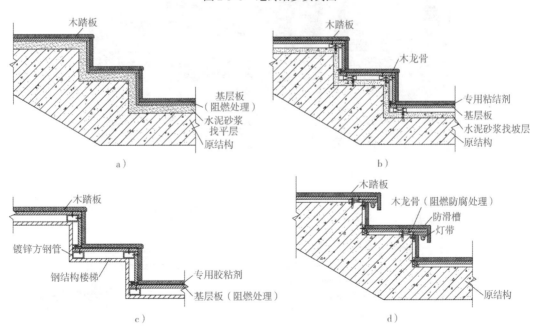

图 2-5-7　楼梯木地板踏步节点示意图

a）混凝土楼梯节点 1　b）混凝土楼梯节点 2　c）钢结构楼梯　d）含灯带

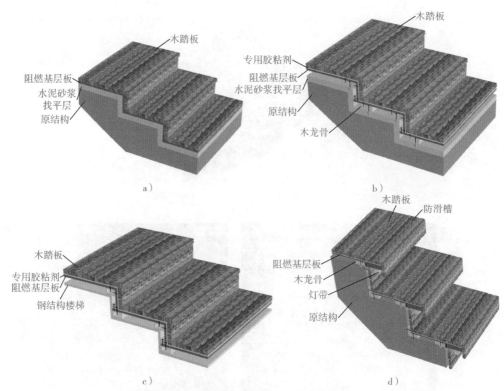

图 2-5-8　楼梯木地板踏步节点三维图

a) 混凝土楼梯节点1　b) 混凝土楼梯节点2　c) 钢结构楼梯　d) 含灯带

图 2-5-9　楼梯木地板踏步实例图

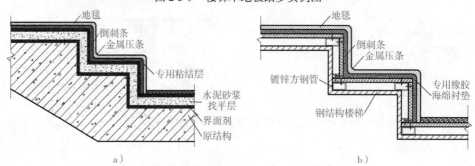

图 2-5-10　楼梯地毯踏步节点示意图

a) 混凝土楼梯　b) 钢结构楼梯

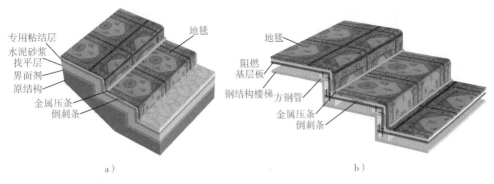

图 2-5-11　楼梯地毯踏步节点三维图

a）混凝土楼梯　b）钢结构楼梯

图 2-5-12　楼梯地毯踏步实例图

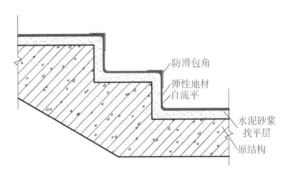

图 2-5-13　弹性地材踏步节点示意图

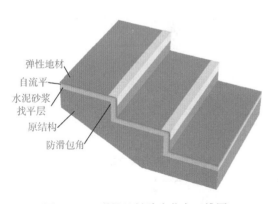

图 2-5-14　弹性地材踏步节点三维图

图 2-5-15　弹性地材踏步实例图

说明：

1. 踏步的形式应当是踏踢面完整，不得选用无踢面的镂空踏步。

2. 室外台阶要考虑防水、防冻、防滑，可用天然石材、混凝土、砖等，面层材料应根据建筑设计来决定。

3. 石材应做好六面防护处理，木基层板需做三防处理（防火、防潮、防虫）。

4. 木饰面踏步背面需用封底漆封闭，以免变形。

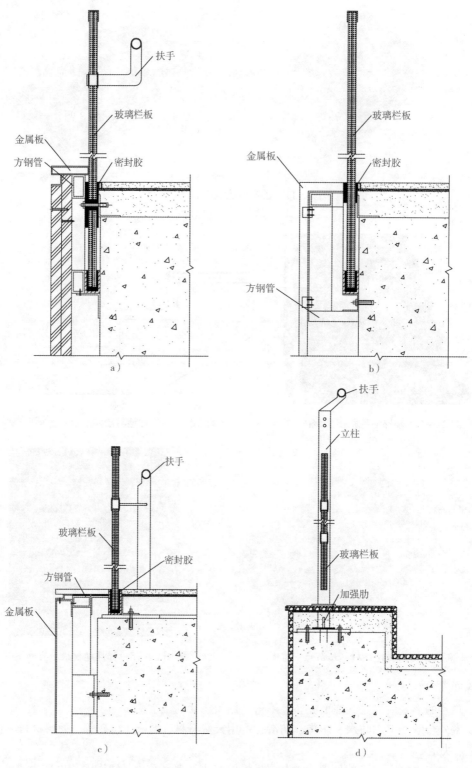

图 2-5-16　玻璃栏板节点示意图

a) 有扶手无立柱　b) 无扶手无立柱　c) 有扶手有立柱　d) 有扶手有立柱有地台

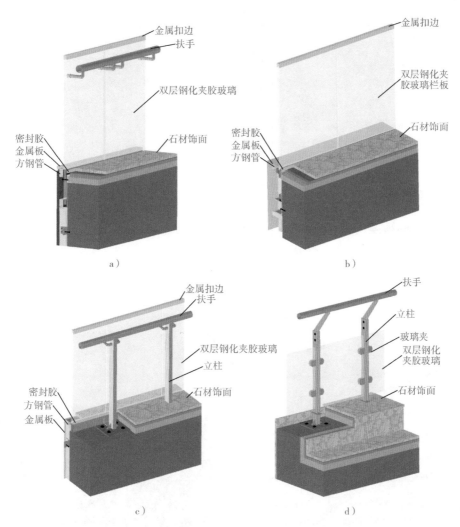

图 2-5-17　玻璃栏板节点三维图

a）有扶手无立柱　b）无扶手无立柱　c）有扶手有立柱　d）有扶手有立柱有地台

图 2-5-18　玻璃栏板实例图

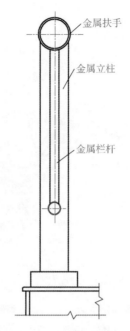

图 2-5-19　金属栏杆节点示意图

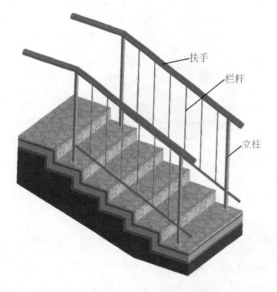

图 2-5-20　金属栏杆节点三维图

图 2-5-21　金属栏杆实例图

说明：

1. 安装楼梯栏杆立杆部位时，基层混凝土不得有酥松现象，安装标高应符合设计要求，凹凸不平处必须剔除或修补平整，凹处及基层蜂窝麻面处，应用高强度等级混凝土进行修补。

2. 安装安全玻璃护栏时，安全玻璃与其他材料相交部位不应贴紧，相邻玻璃间应留有 5 ~ 8mm 间隙，便于打胶；与金属接触部位应选醋酸型硅酮密封胶，以免腐蚀金属，密封胶应与安全玻璃同色系。

3. 室外扶手应考虑伸缩量，还需在伸缩处考虑设置漏水口。

◀ 第六节　卫浴构造节点 ▶

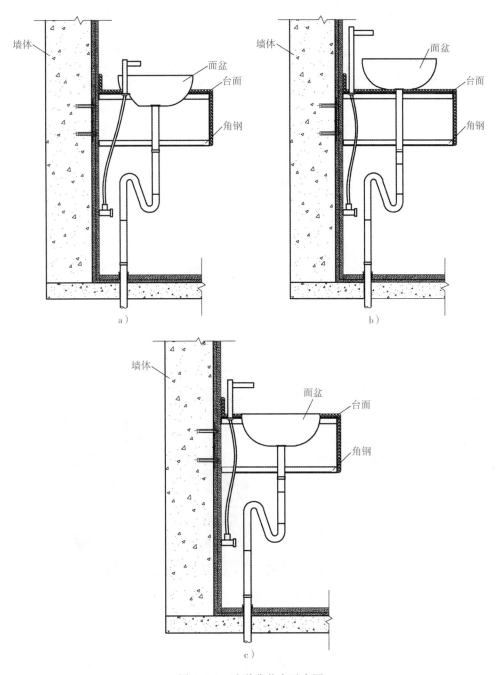

图 2-6-1　洗漱盆节点示意图

a) 嵌入式盆　b) 台上盆　c) 台下盆

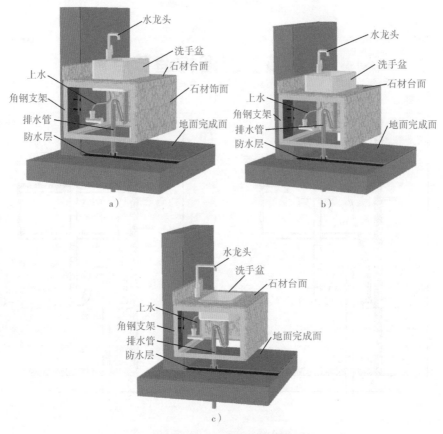

图 2-6-2　洗漱盆节点三维图

a）嵌入式盆　b）台上盆　c）台下盆

图 2-6-3　洗漱盆实例图

说明：

1. 一般施工流程：

膨胀螺栓插入 → 捻牢，紧固 → 盆管架挂好 → 安放洗漱盆在架子上并找平 →

下水连接 → 安装洗漱盆 → 调直 → 上水连接

2. 洗漱盆应平整无损裂，排水栓应有直径不小于 8mm 的溢水孔。

3. 洗漱盆与排水管连接应牢固密实，且便于拆卸，连接处不得敞口。

4. 洗漱盆与墙面接触部位应用硅膏嵌缝。

5. 水龙头为镀铬产品，安装时不得破坏镀层。

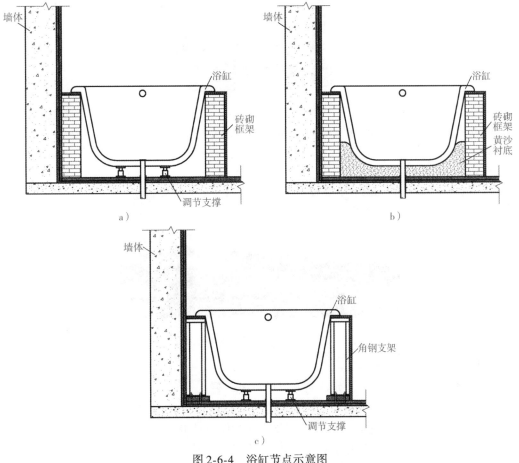

图 2-6-4　浴缸节点示意图

a）砖砌（支座）　b）砖砌（黄沙衬底）　c）钢支架

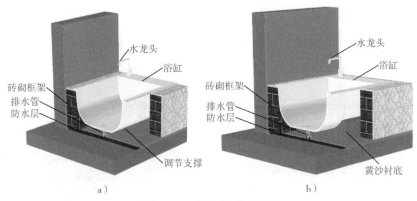

图 2-6-5　浴缸节点三维图

a）砖砌（支座）　b）砖砌（黄沙衬底）

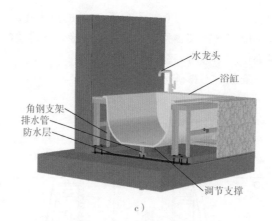

图 2-6-5　浴缸节点三维图（续）

c）钢支架

图 2-6-6　浴缸实例图

说明：

1. 注意购买的浴缸尺寸，一定测量好以后再去购买。

2. 不得破坏防水层，管道应高于找平层地面完成面50mm。

3. 黄沙衬底必须与浴缸底部接触，填黄沙的时候要注意，黄沙一定要填满，瓷实，黄沙要经过过滤，不要存在尖的石头等物质，避免划伤浴缸或者软管，造成漏水。

4. 与墙面结合处应用防霉密封胶填嵌密实。

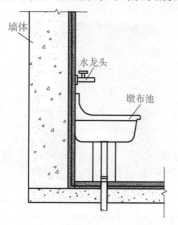

图 2-6-7　墩布池节点示意图

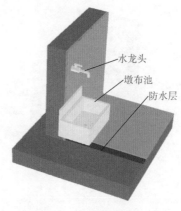

图 2-6-8　墩布池节点三维图

图 2-6-9 墩布池实例图

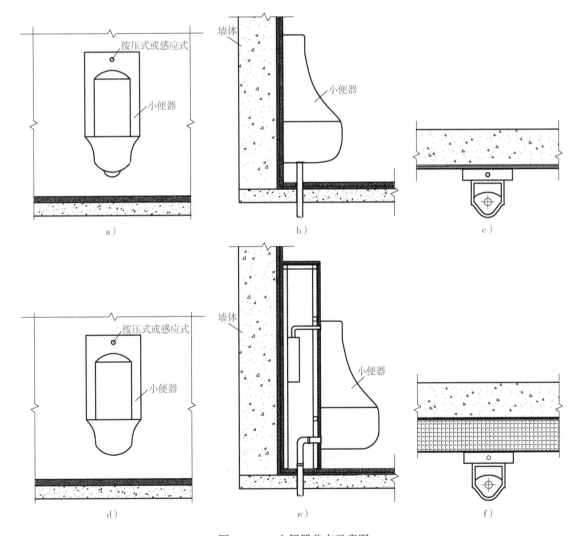

图 2-6-10 小便器节点示意图

a) 一体式立面 b) 一体式侧面 c) 一体式平面

d) 壁挂式立面 e) 壁挂式侧面 f) 壁挂式平面

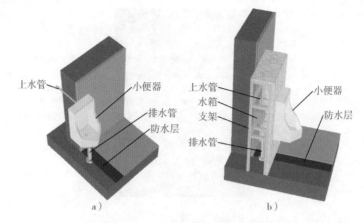

图 2-6-11　小便器节点三维图
a）一体式　b）壁挂式

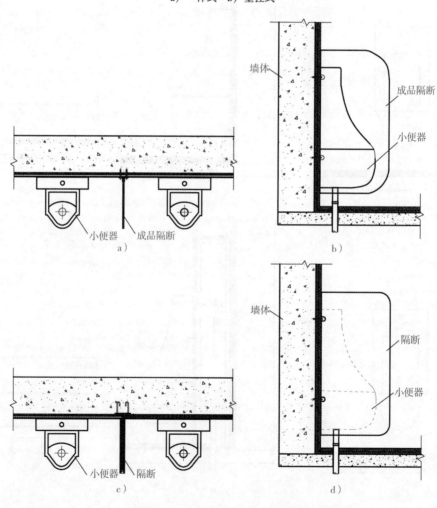

图 2-6-12　小便器隔墙节点示意图
a）节点 1 平面　b）节点 1 侧面　c）节点 2 平面　d）节点 2 侧面

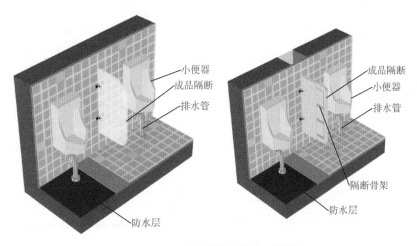

图 2-6-13　小便器隔墙节点三维图

图 2-6-14　小便器隔墙实例图

说明：

1. 小便器隔墙一般施工流程：

施工准备 → 现场放线 → 工厂加工隔板 → 现场安装隔板 → 打胶收口

2. 小便器隔断安装距地高度 400mm，两侧分别用 2 个固定片进行固定安装，安装高度固定片顶面及底面距离隔断板上下边缘 200mm。

3. 卫生间隔断安装完成后，将侧板与墙面胶结处用密封胶进行密封处理，要上下均匀、宽度一致。

4. 侧板与墙面、侧板与端板之间要连接牢固，稳定美观。

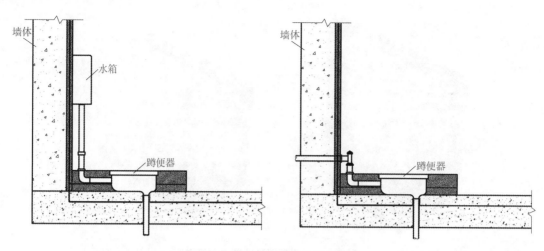

图 2-6-15　蹲便器节点示意图

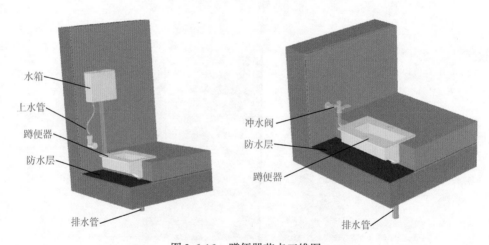

图 2-6-16　蹲便器节点三维图

图 2-6-17　蹲便器安装实例图

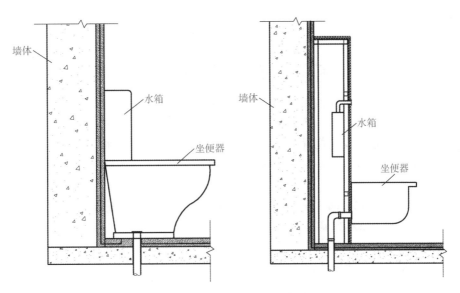

图 2-6-18　坐便器节点示意图

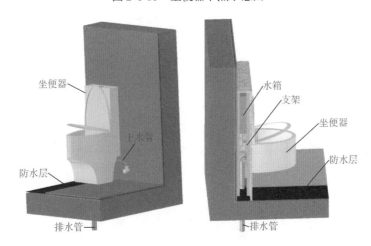

图 2-6-19　坐便器节点三维图

图 2-6-20　坐便器实例图

说明：

1. 一般工艺流程：

定位划线 ——→ 存水弯安装 ——→ 坐便器安装

2. 确定好排污管的中心位置，划出十字中心线；确定好马桶的排污口的中心位置，划出十字中心线。

3. 确定好马桶的底部安装位置，用电钻打好安装孔，并预埋膨胀螺丝。

4. 在马桶排污口上安装好专用密封圈或在排污管四周打上一圈玻璃胶或比例为 1:3 的水泥砂浆。

5. 将之前划出的马桶上的十字线和地面上的十字线对准，安装马桶，再在马桶的底部打上玻璃胶或比例为 1:3 的水泥砂浆。

6. 马桶安装后应等到玻璃胶或水泥砂浆固化后方可放水使用。一般马桶安装完后三天内不能使用，保证胶水或泥浆彻底变干稳固。

第三章

装饰装修工程管理及质量验收

一、 装饰装修工程管理

装饰装修工程设计是一项高智力创造性劳动过程，高品质的设计是建设精品工程的前提。加强设计阶段管理、提高设计水平，就是装饰装修工程管理的首要环节。

1. 施工队伍进场

（1）场地整理　施工人员根据施工组织设计中场区平面布置图及相应规范标准要求，对施工区域进行围挡，清理作业面，设立物资运输通道和消防通道，接通施工作业面水电供应等。

（2）建立导向标志　根据相关施工规范、标准的要求，在工程施工现场的入口处建立工程简介、相关制度及各方名称等标牌，设定各方工区、工段的引导标志等。

（3）搭建临时设施　建立施工临时生活区域。搭建临时生活设施，包括居住、食堂、浴室、卫生间等；生产指挥系统的办公设施，包括办公、会议、生产指挥、调度等设施。

（4）技术交底　根据工程施工设计图纸要求，对各分项工程、子项工程进行技术细化，并下发给专业分包商、劳务分包商，传达到施工作业层的相关技术员，由专业分包商、劳务分包商的技术人员具体布置到施工作业人员。技术交底资料作为工程技术档案的重要组成部分，在工程竣工后要同其他技术资料一同入档保存。

2. 质量通病的管理

质量通病是由于材料性能、构成特点等造成的工程施工中经常发生的质量缺陷，如吊顶开裂等。经过长期工程实践经验的积累与总结，目前已经形成了防止和控制质量通病形成的专业工艺技术。在施工现场管理中，工程技术人员要对易形成质量通病的工序、节点、材料加工等进行重点管控，严格执行工艺要求、操作规程等技术规范。

3. 成品保护

为了防止已完工的装饰面受到损坏，在工程竣工验收前要对已完工的装饰面进行成品保护。成品保护是由成品保护制度、措施、方法等组成的管理体系，是施工现场管理体系重要的组成部分。

成品保护一般采用敷膜、遮挡、围栏等具体设施和方法，在整个施工过程中要保证完好、有效。工程竣工验收后，施工企业要将成品保护所用设施了全部清理后交付业主。

二、 装饰装修工程质量验收

工程施工基本条件验收，是指进行工程施工的一些必备条件验收。在实际的施工中有些工程由于某种原因，在施工合同签订后施工现场并不具备基本的施工条件，若强行施工，其施工质量、工期是没有保障的。所以装饰装修工程开工前应进行工程现场施工基本条件的检查验收，促使施工基本条件欠缺的工程建设方尽快完善。不具备基本施工条件的工程，一般应以施工场地的验收移交完成之日起计算工程的施工周期。

1. 材料

（1）建筑装饰装修工程所用材料的品种、规格和质量应符合设计要求和国家现行标准的规定，不得使用国家明令淘汰的材料。

（2）建筑装饰装修工程所用材料的燃烧性能应符合现行国家标准《建筑内部装修设计防火规范》（GB 50222—2017）和《建筑设计防火规范》（GB 50016—2014）的规定。

（3）建筑装饰装修工程所用材料应符合国家有关建筑装饰装修材料有害物质限量标准的规定。

（4）建筑装饰装修工程采用的材料、构配件应按进场批次进行检验。属于同一工程项目且同期施工的多个单位工程，对同一厂家生产的同批材料、构配件、器具及半成品，可统一划分检验批，对品种、规格、外观和尺寸等进行验收，包装应完好，并应有产品合格证书、中文说明书及性能检验报告，进口产品应按规定进行商品检验。

（5）进场后需要进行复验的材料种类及项目应符合本标准各章的规定，同一厂家生产的同一品种、同一类型的进场材料应至少抽取一组样品进行复验，当合同另有更高要求时应按合同执行。抽样样本应随机抽取，满足分布均匀、具有代表性的要求，获得认证的产品或来源稳定且连续三批均一次检验合格的产品，进场验收时检验批的容量可扩大一倍，且仅可扩大一次。扩大检验批后的检验中，出现不合格情况时，应按扩大前的检验批容量重新验收，且该产品不得再次扩大检验批容量。

（6）当国家规定或合同约定应对材料进行见证检验时，或对材料质量发生争议时，应进行见证检验。

（7）建筑装饰装修工程所使用的材料在运输、储存和施工过程中，应采取有效措施防止损坏、变质和污染环境。

（8）建筑装饰装修工程所使用的材料应按设计要求进行防火、防腐和防虫处理。

2. 施工

（1）施工单位应编制施工组织设计并经过审查批准。施工单位应按有关的施工工艺标准或经审定的施工技术方案施工，并应对施工全过程实行质量控制。

（2）承担建筑装饰装修工程施工的人员上岗前应进行培训。

（3）建筑装饰装修工程施工中，不得违反设计文件擅自改动建筑主体、承重结构或主要使用功能。

（4）未经设计确认和有关部门批准，不得擅自拆改主体结构和水、暖、电、燃气、通信等配套设施。

（5）施工单位应采取有效措施控制施工现场的各种粉尘、废气、废弃物、噪声、振动等对周围环境造成的污染和危害。

（6）施工单位应建立有关施工安全、劳动保护、防火和防毒等管理制度，并应配备必要的设备、器具和标志。

（7）建筑装饰装修工程应在基体或基层的质量验收合格后施工。对既有建筑进行装饰装修前，应对基层进行处理。

（8）建筑装饰装修工程施工前应有主要材料的样板或做样板间（件），并应经有关各方确认。

（9）墙面采用保温隔热材料的建筑装饰装修工程，所用保温隔热材料的类型、品种、规格及施工工艺应符合设计要求。

（10）管道、设备安装及调试应在建筑装饰装修工程施工前完成；当必须同步进行时，应在饰面层施工前完成。装饰装修工程不得影响管道、设备等的使用和维修。涉及燃气管道和电气工程的建筑装饰装修工程施工应符合有关安全管理的规定。

（11）建筑装饰装修工程的电气安装应符合设计要求，不得直接埋设电线。

（12）隐蔽工程验收应有记录，记录应包含隐蔽部位照片。施工质量的检验批验收应有现场检查原始记录。

（13）室内外装饰装修工程施工的环境条件应满足施工工艺的要求。

（14）建筑装饰装修工程施工过程中应做好半成品、成品的保护，防止污染和损坏。

（15）建筑装饰装修工程验收前应将施工现场清理干净。

参 考 文 献

［1］中华人民共和国住房和城乡建设部 . 住宅设计规范：GB 50096—2011［S］. 北京：中国计划出版社，2012.

［2］中华人民共和国住房和城乡建设部 . 民用建筑设计统一标准：GB 50352—2019［S］. 北京：中国建筑工业出版社，2019.

［3］中华人民共和国住房和城乡建设部 . 建筑设计防火规范（2018 年版）：GB 50016—2014［S］. 北京：中国计划出版社，2018.

［4］中华人民共和国住房和城乡建设部 . 建筑内部装修设计防火规范：GB 50222—2017［S］. 北京：中国计划出版社，2017.

［5］中华人民共和国建设部 . 住宅装饰装修工程施工规范：GB 50327—2001［S］. 北京：中国建筑工业出版社，2001.

［6］中华人民共和国住房和城乡建设部 . 无障碍设计规范：GB 50763—2012［S］. 北京：中国建筑工业出版社，2012.

［7］中华人民共和国住房和城乡建设部 . 建筑装饰装修工程质量验收标准：GB 50210—2018［S］. 北京：中国建筑工业出版社，2018.

［8］毛志兵 . 装饰装修工程细部节点做法与施工工艺图解［M］. 北京：中国建筑工业出版社，2018.

［9］中国建筑装饰协会，中国建筑标准设计研究院 . 民用建筑工程室内施工图设计深度图样：06SJ803［S］. 北京：中国建筑标准设计研究院，2009.

［10］中华人民共和国住房和城乡建设部 . 内装修——墙面装修：13J502-1［S］. 北京：中国计划出版社，2013.

［11］中华人民共和国住房和城乡建设部 . 内装修——室内吊顶：12J502-2［S］. 北京：中国计划出版社，2012.

［12］中华人民共和国住房和城乡建设部 . 内装修——楼（地）面装修：13J502-3［S］. 北京：中国计划出版社，2013.

［13］中国建筑标准设计研究院，北京维拓时代建筑设计有限公司 . 外装修（一）：06J505-1［S］. 北京：中国计划出版社，2006